U0397533

# ANIMATION

# 数字绘画基础教程

*Foundation Course of Digital Painting*

母健弘 ● 编著

华东师范大学出版社

·上海·

**图书在版编目（CIP）数据**

数字绘画基础教程／母健弘编著．—上海：华东师范大学出版社，2014.12
高等院校动画专业系列教材
ISBN 978-7-5675-2914-4

Ⅰ.①数…　Ⅱ.①母…　Ⅲ.①图形软件-高等学校-教材　Ⅳ.①TP391.41

中国版本图书馆CIP数据核字（2015）第008312号

# 数字绘画基础教程

编　　著　母健弘
策划编辑　吴　余
项目编辑　夏海涵
责任校对　林文君
装帧设计　吴　余

出版发行　华东师范大学出版社
社　　址　上海市中山北路3663号　邮编 200062
网　　址　www.ecnupress.com.cn
电　　话　021-60821666　　行政传真 021-62572105
客服电话　021-62865537　　门市（邮购）电话 021-62869887
地　　址　上海市中山北路3663号华东师范大学校内先锋路口
网　　店　http://hdsdcbs.tmall.com/

印 刷 者　苏州工业园区美柯乐制版印务有限公司
开　　本　787×1092　16开
印　　张　12.75
字　　数　262千字
版　　次　2015年5月第1版
印　　次　2022年7月第9次
书　　号　ISBN 978-7-5675-2914-4/TP·091
定　　价　38.00元

出 版 人　王　焰

# 序言

　　数字绘画，即是用鼠标、手写板在电脑中作画，加上手绘稿、照片、三维图形、实物扫描等的拼接，以点阵或矢量的形式展现出来的一种新型绘画。

　　那么，数字绘画有些什么样的特点呢？实际上它的特点就是要区别于传统绘画。于是寻找在传统绘画中难以做到的视觉效果并加以强化，就是数字绘画的特点。下面我们就举几个例子：

　　好像是波西的奇幻画，却是建模加渲染而成的肖像及人体（坐天观井——缪晓春）；在水波式的人影中，暗藏丛山峻林、亭台楼阁（逐行实录——辜居一）；同一个三维的手的正背烘托出变化多端的云雨纷纷（翻手是云覆手雨——张骏）。无数规则又变化的点如用手绘就太费劲了（希腊神话中的神秘蛋——Hasumi Tomoyuki）；横平竖直的图案被有序地安置在凹凸有致的人体上（如痴如醉——Nakajima Takahisa）；有许多排人，每一排人展示出相同的动态，但当各排渐渐形成扇形组合时，焦点透视的准确性只能依靠机器去运算了（11月30日上午在新宿——Ito Hidetaka）等等。

《坐天观井》

《逐行实录》

《希腊神话中的神秘蛋》

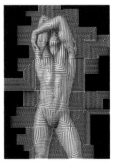

《如痴如醉》

《11月30日上午在新宿》

《翻手是云覆手雨》

母健弘老师其硕士毕业于中国传媒大学动画与数字艺术学院，在校期间创作了《龟兔对决》和《追》等动画作品，获得多项国家级的奖励。在制作动画片的过程中，他也热衷于数字绘画，并有不少的心得和经验，他愿意将这些心得和经验拿出来与各位分享，所以形成了本书的基本框架。祝贺他的这些成果，也欢迎读者对他的著作多提宝贵意见。

中国传媒大学动画与数字艺术学院教授　张　骏

2015年1月10日

# 前言

　　不是每个人都有绘画天分的。但是，如果你喜欢绘画、有兴趣学习绘画的基础知识，并愿意持之以恒地进行练习，那么你也将会慢慢地拥有绘画的能力。虽然数字绘画使用不同于传统绘画的电脑、数位板、压感笔、绘画软件等数字绘画工具，但绘画的主体仍然是人，在本质上数字绘画与传统绘画没有任何区别。

　　初学者学习数字绘画的过程大体上可以分为三个阶段：第一个阶段是初期阶段，以学习软件为主；第二个阶段是过渡阶段，通过绘画范例深入学习绘画软件操作技巧，适应数字绘画方式；第三个阶段是深入阶段。本书会重点介绍软件常用功能与模块，避免面面俱到。初学者通过练习，用较短的时间就能够掌握数字绘画软件，进入第三个学习阶段了。第三个阶段要由浅入深地进行绘画基础科目练习，将学习重点转移到"绘画"这个核心上来，在实践中学习绘画基础知识，提高绘画造型能力，掌握数字绘画工具。笔者针对初学者在不同阶段的学习特点编写了本书的教学内容，强调软件学习与绘画练习并重，在练中学。

　　那么，如何才能学好数字绘画，提高数字绘画水平呢？简单地说有三个要素，就是思想、技术、练习。

　　**思想：**想得出，才能画得出。这个"想"就是思想，是创作者的审美水平、创作思想、艺术观念等，拥有思想比掌握绘画软件工具更重要。

　　怎么才能"想得出"呢？一方面，要向前辈学习。教师在课程中应给学生看大量的绘画作品和视频资料，例如插画、漫画、视频教程、数字绘画实例等。另一方面，学生要主动地学习，要多看、多练、勤思考，厚积薄发。课堂上讲授的内容是有限的，更重要的是让学生对绘画产生兴趣，能够自发地学习与探究更多的知识。譬如，帮助学生了解中西方绘画史，赏析不同绘画流派的绘画作品，研究插画与漫画发展的历史等，从而开阔眼界，提高他们的审美水平。

　　**技术：**包括软件操作技术和绘画技法两个方面。

　　在初次接触电脑软件、数位板等数字绘画工具时，初学者往往会摸不着头脑，不知道从哪里开始学起。本书的基本目标就是教会大家使用数字绘画工具进行绘画，并系统地介绍绘画基础知识。

　　绘画技法不是死的教条，本书会介绍最常用的数字绘画技法，并将绘画基础知识和技法的学习内容融入各个项目的绘画范例当中。初学者在学习本书介绍的内容之后，应该逐渐找到适合自己的绘画技法与技巧，从初学者向专业人士迈进！

**练习：** 如果不拿起笔开始练习，一切都是空谈。初学者要通过不断练习掌握数字绘画工具、提高数字绘画水平，这是一个"熟能生巧"的过程。

在软件学习阶段，讲完知识与范例后，学生就立刻进行操作练习，讲解与练习交替进行。在专项练习阶段，由浅入深，分阶段、分科目地安排旨在提高绘画造型能力的专项练习。

本书作为教材使用，建议安排为48学时左右。书中的范例及作业练习基本上是短期作业，尽量让学生利用课堂时间完成，不留课后作业，这样可以了解学生真实的绘画水平和学习状态。结课作业可以在最后一周安排，以作业提案的形式，结课作业完成后进行作品展示活动。因为本教材编写的教学内容较多，教师可以根据具体情况制订教学计划，选择重点教学内容进行教学。

母健弘

2015年3月

# Contents

目录

**基础篇**

## 造型篇

# 项目一 数字绘画概述

● **项目提要**

　　本项目将讲述数字绘画的定义与特征，数字绘画的分类与应用，数字绘画的软件与硬件工具，以及数字绘画与传统绘画的关系。

● **关键词**

　　数字绘画；技术特征；商业美术；插画与漫画；数字绘画软件；数位板与压感笔

## 任务一　了解什么是数字绘画

数字绘画是绘画艺术与计算机技术相结合的产物。数字绘画首先属于绘画艺术，是绘画艺术的一个比较新的领域，由于数字绘画工具的使用而使得数字绘画艺术具有了新的艺术与技术特征，使得绘画艺术得到了新的发展与突破。同时，数字绘画艺术也是随着计算机技术的发展而发展起来的，是计算机图形学（Computer Graphics，简称CG）的一个发展方向。数字绘画的发展与数字绘画工具的发展密切相关，从简单的图形图像绘制与处理，到模拟传统绘画的笔触效果，再到发展出独特的数字绘画形式语言，数字绘画经历了不同的发展阶段，逐渐发展成为一个相对独立的绘画艺术门类。简单地讲，数字绘画就是使用数字绘画工具进行绘画创作以及数字绘画作品。我们对数字绘画的认识也应该从"绘画工具"的简单理解转变为"使用数字绘画工具探索数字绘画形式语言，创作具有新形式、新效果、新技法的数字绘画作品，表达思想与观念"。

数字绘画属于实用美术、商业美术的范畴，具有艺术性、商业性以及时尚性。由于数字绘画在技术方面的优势与特点，数字绘画工具在各行业的实际应用中逐渐发展与成熟起来，已经在图形图像处理、插画与漫画、艺术设计、电影、游戏、动画制作等文化创意产业中得到了普及与应用，逐渐变革了相关产业的工作流程和制作工艺，数字绘画表现形式也成为商业绘画项目的主流表现形式。使用数字绘画工具进行数字绘画创作已经是设计师、插画师、漫画师、影视动画等相关从业人员必须掌握的一项基础技能。在当下移动互联网时代，数字绘画凭借其先天的技术优势，在这场技术变革中顺应时代而产生发展，数字绘画艺术将会有更广阔的发展空间。

## 任务二　掌握数字绘画的特征

数字绘画是绘画艺术的一种，它具有绘画艺术特征的同时,还具有其自身独特的艺术与技术特征。

# 一、数字绘画的艺术特征

下面我们通过数字绘画与传统绘画的比较,来认识数字绘画的艺术特征。

### 1. 造型性、静止性

数字绘画同传统绘画一样具有造型性、视觉性的特征,作品画面上描绘有可视的艺术形象。传统绘画具有空间性,是使用纸、笔等物质材料绘画工具绘制而成的,在存在方式上会占用一定的物质空间。然而,数字绘画作品是使用数字绘画工具绘制出来的,是通过显示器屏幕显示出来的虚拟画面,是存储在硬盘或网络服务器里的数据。

数字绘画和传统绘画都是静止的画面,具有静止性、瞬间性、永固性的艺术特征。但是,传统绘画作品的永固性是相对的,是依托于物质材料而存在的,随着时间的推移都会出现颜料开裂或脱落、颜色变化,画布会出现自然腐朽、风化等现象。然而数字绘画作品具有真正的永固性,不论经过多长时间,数字绘画的电子文件数据都不会发生变化,画面效果也会保持不变。

### 2. 偶然性、不确定性

数字绘画没有改变绘画的本质。数字绘画工具的使用者是人,人是创作的主体。不论是进行模拟自然的写生绘画,还是进行绘画创作,画家将头脑中的意象通过画笔一笔一笔地绘制出来,不断地进行修改与调整,画面效果也不断地在改变,直到画出满意的画面效果,完成作品为止。在数字绘画创作的过程中充满了偶然性与不确定性。

# 二、数字绘画的技术特征

数字绘画的技术特征并不是一成不变的,随着技术的发展与进步,其技术特征也将不断更新,不仅仅局限于以下几点:

### 1. 数字虚拟

数字绘画作品本身不是物质实体,而是使用数字绘画工具在电脑虚拟的环境中绘制出来的数字虚拟画面,作品通过显示器屏幕呈现出来。在电脑操作系统中数字绘画作品以电子文件的形式存在,是存储在电脑硬盘中的数据,可以无损失、无数量限制地复制这些电子文件。作品画面效果保真,不受传播次数、保存时间长短的影响,只要电子文件存在,就可以看到与画面完成时相同的造型与色彩。

各类型号显示器的显示原理各不相同,但是显示器屏幕都是发光的。例如,液晶显示器屏幕上的光就是显示器灯管照射背光板发出的光。显示器屏幕呈现的颜色色域大于传统绘画的颜色色域。屏幕显示的数字绘画作品与传统绘画相比,色彩层次更丰富。

### 2. 操作便捷

在商业绘画的创作过程中,一般要经过多次的修改。数字绘画工具操作简便,修改快捷,这是数字绘画能够逐渐在相关行业内得到普及与应用的重要原因之一。

常用的数字绘画软件的界面设计基本上都分为菜单栏、工具箱、图像窗口、浮动面板等几大部分,初学者用较短的时间就能够掌握这些软件的操作。例如,可以快速地单击界面中的快捷图标进行操作,可以任意缩放、旋转画布上的图片,还有图层的使用等。数字绘画软件中的画笔可以模拟出各种传统绘画画笔的笔触效果,还可以使用各种调节工具方便、快捷地对图形图像进行修改与调节。

数字绘画软件操作的一大特点就是可逆性。按快捷键【Ctrl+Z】可以退回到上一步操作,无须进行覆盖修改,不会留下任何痕迹,而使用物质材料绘画工具则无法实现这种"可逆性"的操作。

### 3. 媒体使用

数字绘画软件可以将数字绘画作品直接输出为大小和格式不同的电子文件,不论是在报纸、杂志等传统媒体上还是在互联网、手机等数字新媒体中,数字绘画作品都得到了广泛的使用。数字绘画作品还可以直接在互联网上进行上传与下载、传播与展示,也可以直接进行打印或印刷。而传统的绘画作品要想输入电脑,还要进行拍摄或者扫描,画面的色彩与效果会略有损失与改变。

### 4. 节省资源

数字绘画不受物质画材限制,在绘画前无须准备画布、画笔等物质材料画具,节省了物质资源。其作品的电子文件可以存储在U盘等移动存储设备中,也可以存储在网络硬盘或电子邮箱中,随时进行上传或下载。另外,数字绘画硬件设备占用空间小,提高了工作空间的利用率,使工作环境更加整洁。

## 任务三 了解数字绘画的分类与应用

传统绘画按照其所使用的绘画工具进行分类,可以分为油画、水粉画、水彩画、水墨画等类型。虽然数字绘画与传统绘画的主要区别就在于绘画工具的不同,但是数字绘画的分类不适合按照绘画工具进行分类。数字绘画工具不仅可以使用各类虚拟画笔模拟出油画、水粉画、水彩画等传统绘画效果，还可以画出各类传统绘画工具无法表现的新效果。

数字绘画可以按照其行业应用进行分类：第一类是插画与漫画，这是数字绘画应用的主要方向。第二类是在电影、游戏、动画的设计制作环节中的应用。在其他艺术设计行业中的应用归为第三类。

## 一、在插画与漫画中的应用

认识数字插画、漫画之前，首先要了解使用传统绘画工具绘制的插画、漫画。插画、漫画与印刷出版业密切相关。随着印刷技术的产生、发展与成熟，印刷出版行业繁荣发展起来，书籍、报纸、杂志等出版物需要大量的插画与漫画，促进了插画、漫画这种艺术形式的发展。早期的印刷出版物由于受到印刷技术的限制，其中的插画、漫画多以单色单版或多色多版的形式进行印制。最常见的就是用单版黑色油墨印刷的插画、漫画，例如，英国画家比亚茨莱的黑白插画（图1-1）。

自从四色印刷技术问世后，在印刷技术上对插画家和漫画家的限制极大地减少，插画家和漫画家可以使用各种绘画工具进行绘画创作。他们所要考虑的只有一件事情，那就是把作品画好。在这段时期的画家普遍采用油画、丙烯、水彩等绘画工具进行插画与漫画创作。例如，美国的插画家诺尔曼·罗克威尔就是使用油画工具进行漫画创作的（图1-2、图1-3），还有国内读者比较熟悉的插画家、漫画家鲍里斯·瓦莱约、弗兰克·弗雷泽塔等（图1-4、图1-5）。

图1-1 《莎乐美》插画 比亚茨莱（英国）

图1-2 《三人自画像》 插画 诺尔曼·罗克威尔
（美国）

图1-3 《禁止游泳》
插画 诺尔曼·罗克威尔（美国）

除了传统绘画工具，喷笔也会用于插画、漫画创作。喷笔是一种使用气泵及喷枪的绘画工具，可以画出非常自然细致的线条和渐变效果，这使得喷笔大量地用于广告插画、商业效果图的绘制（图1-6）。但是，在数字绘画工具逐渐兴起后，绘画软件中的喷笔几乎能模拟出各种传统喷笔效果，因此使用传统喷笔作画的人也越来越少了。

随着电脑的普及与应用，人们开始尝试使用数字绘画工具进行插画、漫画创作。自20世纪90年代以来，电脑硬件、数字绘画软件以及专业的绘画数位板产品不断地进行升级换代，数字绘画方式逐渐发展、成熟起来。如今，全球进入了数字时代和网络时代，数字插画、漫画作品凭借其技术优势在这个时代大潮中脱颖而出，成为插画、漫画的主要绘制形式，这是科学技术的发展带来的变革与飞跃。目前在世界范围内，插画、漫画比较发达的地区仍然是欧美、日本等国家，他们都有比较成熟的产业链条、完善的制作发行体系、相对稳定的读者群，作者的整体水平也较高，形成了产业的良性循环。

插画、漫画的全部绘制过程都可以使用数字绘画工具完成，实现了数字化变革，但是画家们为了实现自己想要的艺术效果，会根据创作需要任意选择绘画工具，绘制方法也是千差万别。例如，中国台湾的插画家德珍，她创作的数字插画、漫画作品将西方的光影写实表现与中国元素完美地结合在一起，画面效果美轮美奂。为了增加画面局部的自然纹理效果，她将纸上绘制的自然笔触效果扫描输入电脑后，叠加到画面中去（图1-7）。

图1-4　鲍里斯·瓦莱约插画（美国）

图1-5　弗兰克·弗雷泽塔插画（美国）

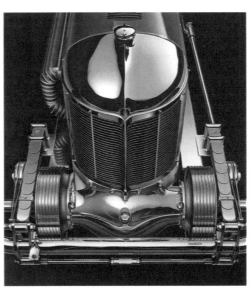

图1-6　鲁道夫·博热尔曼插画（比利时）

图1-7 《霓裳》 插画 德珍

图1-8 漫画《浪客行》 井上雄彦（日本）

　　有的画家在起稿和画线稿的阶段仍然使用纸张和画笔绘制，然后将纸质画稿扫描成电子文件输入电脑，再使用数字绘画工具进行修饰、上色，直至绘制完成；有的插画师和漫画家仍然保持着使用传统绘画工具进行创作的绘画方式。在日本，很多漫画家仍然坚持使用传统漫画笔、纸和墨水进行漫画创作。例如，井上雄彦的毛笔黑白漫画《浪客行》和浦泽直树的黑白漫画《Monster》等（图1-8、图1-9）。但是，使用数字绘画工具绘制插画和漫画已经成为主流，作为初学者应该尽快学习并掌握数字绘画工具，适应行业与产业的发展需求。

## 二、在电影、游戏、动画中的应用

　　电影、游戏、动画的前期设计阶段非常相似，所需要的各类设计图都可以使用数字绘画工具进行绘制。例如，前期概念设计图、角色设计图、场景设计图、分镜头脚本与故事板等（图1-10至图1-13）。

图1-9 漫画《Monster》 浦泽直树（日本）

图1-10  电影《阿凡达》前期概念设计图（美国）

图1-11  电影《变形金刚2》角色设计图  Josh Nizzi（美国）

图1-12  Xbox One游戏《光晕5》前期概念设计图（美国）

图1-13  概念设计图  克雷格·穆林斯（美国）

由于电影、游戏、动画的制作工艺不同，进入中期制作后，电影会使用摄影机进行实拍，而游戏则会按照策划及美术设计进行下一步的游戏程序开发与制作。与电影、游戏不同，制作动画镜头画面的各个环节都会使用到数字绘画软件进行制作。

首先看二维动画片方面。目前，不论是主流的影院动画片、电视剧集动画片，还是具有艺术性和实验性的高校动画专业学生的毕业设计短片，几乎都是使用计算机软件制作的动画片，数字绘画软件会被用于多个环节的制作。例如，二维动画短片《追》就是在电脑中制作的无纸动画（图1-14、图1-15）。片子的前期与中期制作使用了Painter、Photoshop、Flash等数字绘画软件。

再看三维动画方面。三维动画片的制作流程与二维动画片的制作流程基本相同，数字绘画软件更多的是在前期制作阶段使用。例如，迪士尼与皮克斯公司联合制作的三维动画电影《Brave》的动态分镜头故事板就是动画师们在液晶数位屏上使用数字绘画软件绘制出来的（图1-16）。再如，皮克斯公司制作的三维动画电影《赛车总动员2》的前期概念设计图也是使用数字绘画工具绘制的（图1-17）。另外，三维动画中的模型贴图以及背景图，也会使用数字绘画工具进行绘制。

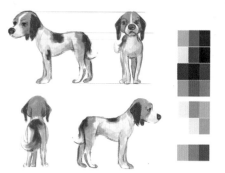

图1-14　二维动画短片《追》角色设计图　母健弘

图1-15　二维动画短片《追》背景图　母健弘

图1-16　三维动画电影《Brave》　使用数字绘画工具绘制故事板

图1-17 三维动画电影《赛车总动员2》 前期概念设计图

## 三、在其他艺术设计中的应用

数字绘画工具在艺术设计的各个行业中都得到了普遍使用，例如书籍设计、广告设计、包装设计、建筑设计、环艺设计、工业设计、服装设计、装饰设计等。人们可以使用数字绘画工具快速绘制出各类设计图、效果图，呈现设计最终效果。另外，数字绘画软件具有强大的修图功能和图形图像处理功能，在摄影后期制作、影视后期制作等方面应用广泛。

## 任务四 了解数字绘画工具

数字绘画工具由硬件设备与软件组成，目前普遍使用的数字绘画工具基本上由三大部分组成，即电脑硬件及操作系统、数位板与压感笔、数字绘画软件三部分。

## 一、电脑硬件及操作系统

### 1. 电脑硬件设备

数字绘画对于电脑硬件设备的要求不高。以数字绘画软件Painter为例，电脑硬盘要留有用于应用程序文件的600 MB左右硬盘空间、1 GHz或更快的中央处理器（CPU）、1 GB的内存（RAM），显示器的分辨率能达到1280×800像素左右即可。目前市场上有两种显示器，一种是CTR显像管显示器，另一种是LCD、LED液晶显示器。经过市场的检验，液晶显示器已经成为用户首选，成为主流产品。数字绘画对于键盘和鼠标没有特殊要求，安装好数位板驱动程序后，压感笔基本可以替代鼠标。

总之，市面上一台普通配置的电脑台式机或者笔记本电脑就能轻松运行Painter和Photoshop等数字绘画软件，现在进行数字绘画创作已经几乎不用考虑电脑硬件方面的问题了。

### 2. 电脑操作系统

目前主流的电脑操作系统有两种，一种是Macintosh苹果电脑的Mac OS操作系统；另一种是PC个人电脑的Windows系统。数字绘画软件和数位板驱动程序都可以在这两种电脑的操作系统中进行安装并使用。软件安装在PC电脑上的时候要注意电脑Windows系统版本问题。例如，如果低版本的Painter软件安装在Windows 8（64位）的电脑上时，可能会出现不能安装或个别功能不能正常使用的情况，建议安装使用Painter 11及以上版本。

### 3. 输出设备

数字绘画作品绘制完成后，要根据制作要求调整文件尺寸与大小，输出不同文件格式的电子文件，然后在输出设备中进行输出。如果需要打印稿件的话，直接连接打印机进行打印即可。如果需要喷绘海报或户外广告的话，则要使用U盘等移动存储设备将文件拷贝到喷绘公司的电脑中，使用喷绘机进行喷绘。如果需要制作成海报、画册、书籍等印刷品，电子文件要在印刷厂的设备中经过出片、打样、制版、上机印刷、裁切、装订等印刷工艺流程制作成印刷品。如果印刷量不是很大，也可以在数码印刷门店进行数码打印，不必经过复杂的传统印刷工序。如果数字绘画作品在网络上进行展示与传播，则只需将电脑接入互联网即可。

## 二、数位板与压感笔

目前，市面上的数位板产品有三大类。

第一类是目前普遍使用的数位板产品，配有压感笔。将数位板与电脑主机连接后，安装数位板驱动程序。驱动安装完成后，压感笔在数位板上的活动区域与显示器屏幕相匹配，并能在软件界面中画出有压感变化的笔触。用户手握压感笔在数位板上绘画，眼睛观察显示器屏幕的画面效果，这是一种间接的绘画方式。用户经过练习后，都会很快适应这种绘画方式。目前，这一类产品是市场上的主流产品，价格合理、产品成熟，成为个人与公司采购的首选类型。其缺点是不能像液晶数位屏那样直接在显示器屏幕上进行绘画，不够直观。数位板连接电脑主机的方式有无线连接和有线连接两种方式（图1-18、图1-19）。有线连接方式是指使用USB接口的数据线连接电脑主机，无线连接方式是指使用蓝牙技术连接电脑主机。

第二类是液晶数位屏，可以同时用作显示器与数位板，配有压感笔。与电脑主机连接后可以直接在屏幕上进行绘画。例如，Wacom的"新帝"系列液晶数位屏就是面对专业人士生

图1-18　Wacom影拓四代Intuos4 M

图1-19　Wacom影拓五代Intuos5 PS

产的专业数字绘画产品。其中新帝24HD touch触控液晶数位屏的分辨率达到了1920×1200像素，在使用压感笔进行绘画的同时，也可以用手指进行多点触控的操作（图1-20）。虽然这种液晶数位屏产品已经上市多年，但是价格非常昂贵。

第三类是触控液晶数位屏与电脑主机集成在一起的平板电脑，将电脑主机、显示器、数位板、键盘等设备全部结合在一起的一体机设备，配上触控笔就可以进行数字绘画。"一体机"产品是数字绘画工具发展的一个方向，各大公司都在向这个方向进行研发、生产。2013年5月，Adobe公司推出命名为"Projects Might"和"Napoleon"的平板触控笔和画图尺，可以在平板电脑上画出有压感变化的手绘线条（图1-21）。2013年9月Wacom公司也推出了可以在平板电脑上绘图的Intuos Creative Stylus触控笔（图1-22）。2014年1月联想发布了智能桌面IdeaCenter Horizon2，拥有27英寸的屏幕，采用了Windows 8操作系统，自带数字绘画软件，以触控方式进行绘画（图1-23），但是这个智能桌面产品主要用于家用电脑的游戏与娱乐。

目前市面上数位板品牌很多，比较知名的国外品牌有Wacom等，国内品牌有汉王、友基等。各公司也针对不同用户的需求推出了多个系列和型号的产品，用户可以根据自己的经济条件和用途购买最佳性价比的数位板产品。对于初学者来说，购买2 048级压力感应、压感笔活动区域尺寸为223.5×139.7毫米（8.8×5.5英寸）左右的中号或小号数位板即可，没有必要购买压感笔活动区域太大的大号数位板，更没有必要购买价格昂贵的专业液晶数位屏。

数位板和压感笔是学习数字绘画、从事相关工作的必备绘画工具。拥有好的硬件设备固然重要，但是也要清醒地认识到，拥有好设备不一定就能画出好作品，绘画工具不能决定绘画者水平的高低。对于初学者来说，在较短的时间内就能够掌握数字绘画工具、适应数字绘画方式，但是艺术修养、审美水平、绘画水平的提高则需要长时间的积累与沉淀。

## 三、数字绘画软件

从广义上讲，能够用于数字绘画创作的软件就属于数字绘画软件。因此，很多软件都可以称之为数字绘画软件。例如，Windows系统自带的"画图"小软件就是数字绘画软件，只不过在功能上、画笔效果等方面没有专业的数字绘画软件强大。目前，普遍使用的专业数字绘画软件可以分为位图软件和矢量图软件两大类。位图软件也称为像素图软件，有Photoshop、Painter、SAI等。矢量图软件有Illustrator、Flash、CorelDRAW、Comic Studio、FreeHand等。另外，有些动画制作软件采用

图1-20　Wacom新帝系列24HD touch

图1-21　Adobe平板触控笔和画图尺

图1-22　Wacom Intuos Creative Stylus触控笔

图1-23　联想IdeaCenter Horizon2 智能桌面

图1-24　Painter 2015

图1-25　Photoshop CC

图1-26　SAI

数字绘画的方式进行动画制作。例如，制作动画分镜头故事板的软件Toon Boom Storyboard Pro、二维动画软件TVPaint Animation Pro等，不胜枚举。

　　Corel公司的Painter软件和Adobe公司的Photoshop软件是普遍使用的两款数字绘画软件，是本书重点介绍和使用的软件（图1-24、图1-25）。两款软件都可绘制像素图像、制作矢量图形、进行图形图像处理，有很多相似之处。但是两者各有所长：Painter的强项在于强大的画笔功能，能画出各种笔触效果，而Photoshop的强项在于图形图像的处理方面。绘画软件SAI也是一款比较常用的位图绘画软件（图1-26）。由于该软件比较小，较易掌握，画笔的绘画效果也不亚于Painter与Photoshop，因此受到数字绘画初学者的欢迎。

　　目前，随着软件的不断升级，各个软件的兼容性越来越好。在位图软件Painter和Photoshop中都有矢量图形工具，可以制作简单的矢量图形。但是，如果要制作较为复杂的矢量图形，仍然要使用矢量图软件进行制作。另外，软件公司也推出了集成位图软件和矢量图软件的设计软件，例如Adobe公司的排版设计软件InDesign，该软件就集成了Photoshop、Illustrator、Acrobat等软件的功能。

## 任务五　传承与创新：数字绘画与传统绘画

　　从至今1.5万年左右的法国拉斯科岩洞壁画到中国新石器时代的彩绘鹳鱼石斧图陶缸（图1-27、图1-28），从西方油画到中国的国画（图1-29、图1-30），从现代艺术兴起的各类

图1-27　拉斯科洞穴壁画（法国）　公元前15000年至前10000年左右

艺术流派到后现代艺术时期艺术形式的多元与包容,艺术家们
尝试使用不同的绘画工具进行绘画创作,绘画艺术形式千变万
化,艺术思想观念与艺术流派此起彼伏。今天的数字绘画跟所
有的绘画形式一样,虽然绘画工具从毛笔和宣纸、油画笔和油
画布等传统绘画工具变成了电脑、数位板与压感笔等数字绘画
工具,但是在绘画本质上,数字绘画与传统绘画是相同的,仍然
是人在使用这些绘画工具表达思想与观念,在创作上都要遵循
绘画艺术创作规律。

图1-28 彩绘鹳鱼石斧图陶缸(中国) 新石器时代　图1-29 《自由引导人民》 法国浪漫主义画派 欧仁・德拉克洛瓦

图1-30 《虢国夫人游春图》(局部 宋摹本) 张萱 中国唐朝

先继承，后创新。数字绘画的核心内容是绘画，是绘画艺术发展的一个方向。因此，学习数字绘画首先要吸取传统绘画营养，从而在创作实践中逐渐找到自己的绘画表现形式和创作之路，要了解中西方绘画史，了解在不同时期各个艺术流派的发展脉络与艺术主张。我们从自己喜欢的一个画家或者一幅绘画作品开始着手，深入研究该作品的时代背景、艺术家的生平与创作该作品时的状况，这样才能对传统绘画有一个客观、理性和正确的认识，去除盲目崇拜和认识的局限性，有助于提高个人审美水平、开阔艺术视野。

历史上油画、国画、水彩画等各类绘画形式都被当时的艺术家们发挥到了极致。使用数字绘画工具临摹那些经典绘画作品，是很好的学习方式。这既是一种艺术陶冶，也能提高绘画技巧、绘画水平。使用数字绘画工具临摹，无须准备画架、画板和画笔，方便而简单。但是也要认识到，想要使用数字绘画工具模拟出传统绘画的效果，要有一定的传统绘画基础。

数字绘画形式语言是在绘画形式语言的基础上的发展与创新。传统绘画长期积累下来的绘画造型理论知识、绘画技法、绘画表现形式仍然是数字绘画的核心内容，仍然适用于数字绘画创作。另一方面，数字绘画能够画出不同于传统绘画的新形式和新效果，在线条的表现、明暗调子的表现、笔触的表现、画面颜色的调节、绘画方式等诸多方面都明显不同于传统绘画，逐渐形成了具有自身特征的绘画形式语言体系。由于数字绘画应用广泛，数字绘画形式语言在遵循艺术创作规律的基础上不断地融入影视、动画、游戏设计、艺术设计、计算机技术等相关学科内容。例如，影视与动画的前期概念设计图普遍采用数字绘画形式进行表现，前期概念设计图的创作融入了电影视听语言中的镜头景别、镜头运动与镜头画面构图原理等知识内容（图1-31）。因

图1-31　电影《明日边缘》前期概念设计图　美国

此，数字绘画形式语言的研究不仅是数字绘画工具的使用和绘画技术技法的研究，还包含基于绘画艺术形式语言的创新与拓展，更涉及创作者的创新思维与艺术观念表达。

1. 任选以下题目，写一篇文章，可以针对该题目的某一具体方面进行深入研究，要言之有物，引用文献需标明具体出处。一周内完成，下次上课进行课堂讨论与讲评。

（1）试论数字绘画工具的发展与数字绘画创作。

（2）中国的插画与漫画发展简史。

2. 选择一张自己喜欢的经典绘画作品（非数字绘画作品），按以下几方面进行深入研究，并加以论述。

（1）作品简介：创作年代、绘画工具、绘画材料、作者生平、创作背景等；

（2）创作观念：作者的创作构思、艺术观念，所属艺术流派，画家的师承关系等；

（3）艺术特点：构图、色彩、造型与形式特点、绘画技法等；

（4）艺术评论：艺术评论家对该作品的评论、你的分析与体会等。

# 项目二 数字绘画软件基础

● **项目提要**

本项目简要介绍数字绘画常用软件Painter和Photoshop的基本操作，以及相关的基础知识。通过画笔测试范例介绍画笔笔触效果。掌握这些基本的软件操作与命令，为深入学习数字绘画软件、进行数字绘画创作打好基础。

● **关键词**

Painter；Photoshop；画笔属性；画笔变量；位图；矢量图；色彩模式；存储格式

## 任务一　初识Painter

　　Corel公司的数字绘画软件产品Painter自发布以来，在业界得到普遍使用，目前最新的版本是Painter 2015。Painter 2015与之前的老版本相比，软件的主体内容没有改变，并一直延续下来，只是在界面的设计、画笔、调节功能等方面做了升级与调整。已经习惯使用老版本的用户，在改用最新版本时，能很快适应。因此，本书将以Painter 11中文版本作为讲解版本，所介绍内容对于其他版本同样适用（图2-1）。

图2-1　Painter 11版本

### 一、Painter的界面

　　将Painter软件安装好之后，双击桌面上的Painter 11快捷方式图标![]打开软件，或者单击在桌面左下角的【开始】→【所有程序】，在程序列表中找到已安装好的"Corel Painter 11"，再次单击打开软件。

　　打开软件后，会出现欢迎界面，在界面的右半部分是随机展示的数字绘画作品，图片下面是作者名称和个人网站（图2-2）。

图2-2　欢迎界面

菜单栏

图像窗口

工具属性条

画笔选择条

工具箱

浮动面板

图2-3　Painter 11界面

单击中间的圆形箭头,可以随机显示不同画家作品。在欢迎界面的左半部分有【文档】、【设置】、【助手】三个选项,用户可以根据个人需要进行选择。单击【创建新文档】选项,会弹出【新建】对话框,可以输入数值后创建画布;也可以单击右上角的关闭图标,关闭欢迎界面,在软件界面中单击菜单栏中的【文件】→【新建】命令,创建画布(详见项目三任务一中的设置画布和纸纹)。

Painter 11的界面分为六大部分,分别是菜单栏、图像窗口、工具箱、画笔选择条、工具属性条、浮动面板(图2-3)。

### 1. 菜单栏

Painter所有的功能与命令都可以在菜单栏中找到。菜单栏中的菜单项有10个,分别是【文件】、【编辑】、【画布】、【图层】、【选择】、【矢量图形】、【效果】、【影片】、【窗口】和【帮助】(图2-4)。用户任意单击一个菜单后,都会弹出相应的子菜单面板。

文件(F)　编辑(E)　画布(C)　图层(L)　选择(S)　矢量图形(P)　效果(T)　影片(M)　窗口(W)　帮助(H)

图2-4　菜单栏

每次使用菜单栏中的子菜单命令时,都要单击菜单栏后在子菜单中单击命令,这样的操作比较麻烦。那么,一些常用的命令在软件界面中都有快捷图标,操作时直接单击这些快捷图标即可。例如,在工具箱、浮动面板、工具属性条和画笔选择条中的快捷图标。还可以使用快捷键来快速选择菜单栏中的命令,使得操作更加简便,节省了绘画时间。

### 2. 图像窗口

图像窗口是用户浏览、描绘和编辑图像文件的工作区域。在图像窗口的左下角,导航图标 ▥ 可以方便用户快速移动整个画布、找到想要描绘的画面区域。在图像窗口的右上角,有描图纸图标 ▥ ,在使用"快速克隆"的时候,单击该图标会显示或隐去克隆源图像(详见项目三任务二中的临摹过程及操作)。在Painter 12以后的版本中,图像窗口的左下角和右上角的几组快捷图标被删掉了。

如果想全屏显示图像窗口,就按快捷键【Ctrl+M】,再按一次快捷键,即可退出图像窗口的全屏显示模式。

### 3. 工具箱

工具箱中列举了常用的工具与功能图标(图2-5)。工具箱分为三大部分,一部分是常用工具,位于工具箱的上半部分,占工具箱的面积最大。工具箱左上角的【画笔工具】 ✐ 是最常用的工具之一,快捷键为【B】。第二部分是"主要色"与"次要色",位于工具箱中间位置。画笔画出的颜色就是"主要色"的颜色。切换"主要色"和"次要色"方法是单击左下角的黑色双向箭头。第三部分是工具箱底部的纸纹、图案、渐变、织物、外观、喷图6个快捷图标(图2-5)。

如果工具箱中有的工具图标右下角有一个小三角符号,则表示这是一个工具组,工具组中还有其他工具,单击并长按工具图标,工具组的其他工具就会显示出来。移动光标并单击要选择的工具图标即可。例如,【矩形选区工具】组展开后,会显示出其他三个选区工具(图2-6)。

工具箱中的各个工具需要逐一进行测试。这样可以了解工具箱中每个工具的具体功能,形成一个感性的认识。常用工具的具体使用方法将在后面的项目中结合练习进行介绍。

### 4. 画笔选择条

画笔选择条是Painter最有特色的部分。画笔选择条前面的图标是画笔类型图标,后面的图标是画笔变量图标。单击画笔类型图标后,在弹出的面板中可以选择画笔类型(图2-7);单击画笔变量图标后,在弹出的面板中选择该画笔类

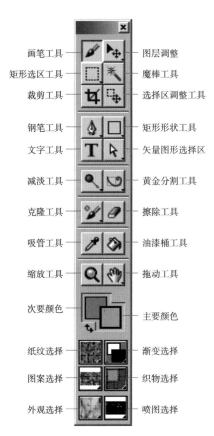

画笔工具 — 图层调整
矩形选区工具 — 魔棒工具
裁剪工具 — 选择区调整工具
钢笔工具 — 矩形形状工具
文字工具 — 矢量图形选择区
减淡工具 — 黄金分割工具
克隆工具 — 擦除工具
吸管工具 — 油漆桶工具
缩放工具 — 拖动工具
次要颜色 — 主要颜色
纸纹选择 — 渐变选择
图案选择 — 织物选择
外观选择 — 喷图选择

图2-5 Painter的工具箱

图2-6 选区工具组

型的各种画笔变量（图2-8）。

在绘画的过程中，会出现不小心关闭掉画笔选择条的情况，用户可以单击菜单栏中的【窗口】→【画笔选择器】命令，使其显示出来；如果还是无法显示出来，可以单击菜单栏中的【窗口】→【排列面板】→【默认】命令，恢复软件的默认面板布局，使画笔选择条显示出来。

### 5. 工具属性条

工具箱中所有工具都有其相应的属性，选择一个工具后，此工具的属性就会在工具属性条中显示出来，可以根据需要对工具属性进行调整。例如，分别选择工具箱中的【矩形选区工具】和【画笔工具】，工具属性条中的属性也随之改变。

画笔是进行数字绘画过程中最常用的工具，【画笔工具】属性条中都有大小、不透明度、颗粒、浓度、渗出、特征等基本属性选项。在选择新的画笔及画笔变量后，工具属性条中的属性选项及数值也会随之改变（图2-9、图2-10）。

选择不同类型的画笔进行属性选项测试，能够直观感受属性选项对画笔绘画效果的影响。下面，我们用铅笔和油画笔进行画笔效果测试。在保持属性条中其他选项不变的情况下，调节其中一项属性数值后，观察笔触效果发生的变化。

（1）【大小】的数值越高，画笔越大；

（2）【不透明度】的数值越低，画笔笔触越透明；

（3）【颗粒】的百分比越高，笔触颗粒密度越大，显示纸张纹理越少；百分比越低，笔触颗粒密度越小，纸张纹理显示越明显（图2-11）；

（4）【浓度】的百分比越高，起笔力量越高；百分比越低，起笔力量越低，从起笔力量到正常力量的过渡就越长，如果百分比为"0%"时，则不会画出笔触和颜色（图2-12）；

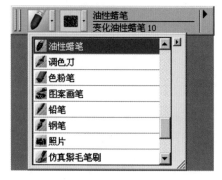

图2-7　画笔选择条的画笔类型

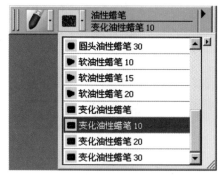

图2-8　画笔选择条的画笔变量

图2-9　【铅笔】的【颗粒覆盖铅笔3】变量及其工具属性

图2-10　【丙烯画笔】的【干画笔20】变量及其工具属性

图2-11 【铅笔】的【颗粒】百分比为
"100%"(上)和"20%"(下)

图2-12 【铅笔】的【浓度】百分比为
"100%"(上)和"25%"(下)

（5）【特征】的数值越高，画笔的笔毛越松散、稀疏；数值越低则笔毛越密，需要运算的量将翻倍，运笔时会出现延迟现象（图2-13）；

（6）【渗出】的百分比数值越高，画笔颜色与画布及颜色的混合程度越好、混合效果越明显（图2-14）。

图2-13 【油画笔】的【特征】数值为
"12"(上)和"2"(下)

图2-14 【油画笔】的【渗出】百分比
为"100%"(上)和"0%"(下)

调节画笔属性后，属性数值就被软件自动保存下来，用户如果想要恢复画笔的默认设置也很简单，可采用的方法很多：第一种方法是双击工具属性条中最左边的画笔图标 ，即可恢复为默认设置；第二种方法是在画布上单击鼠标右键，在弹出的面板中单击【恢复默认变量】命令即可；第三种方法是单击画笔选择条右边的三角按钮 ，在弹出的面板中选择【恢复默认变量】命令即可（图2-15）。

使用相同方法测试工具箱中其他工具的各项属性。用户熟悉这些工具属性调节及效果后，就可以按照个人创作需要调节出自定义的工具。熟悉并掌握数字工具属性调节是一个适应的过程，这与熟悉并掌握传统绘画工具的过程是一样的。

### 6. 浮动面板

浮动面板包括【颜色】面板、【混色器】面板、【图层】面板、【通道】面板、【画笔控制】面板、【文字工具】面板、【信息】面板、【纸纹】面板等。所有的浮动面板都可以在【窗口】菜单中找到。用户单击菜单栏中的【窗口】菜单，在弹出的菜单选项中选择所要显示的浮动面板命令，即可显示出该浮动面板。下面是常用的几个浮动面板（图2-16至图2-21）。

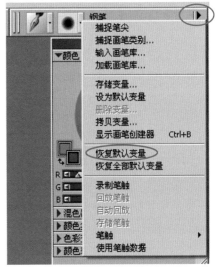

图2-15 恢复画笔默认变量

图2-16 【颜色】面板、【混色器】
面板

图2-17 【图层】面板、【通道】
面板

图2-18 【画笔控制】面板

图2-19 【文字工具】面板、【信
息】面板

图2-20 【纸纹】面板、【渐变】
面板

图2-21 【图案】面板、【织物】
面板

在绘画过程中有时为了方便观看画面，用户可以按快捷键【Tab】键隐藏软件界面中的各类浮动面板、工具箱、工具属性条及画笔选择条，再按一次快捷键【Tab】键即可恢复显示。

## 二、常用快捷键

用户单击菜单栏中的【编辑】→【预置】→【自定义快捷键】命令，在弹出的对话框中的【快捷键】选择条中列举了【应用程序菜单】、【混色器菜单】、【工具】、【其他】四类选项。Painter的快捷键可以进行重新设定，但是Painter默认的快捷键与其他同类软件的快捷键基本一致，不建议重新设定快捷键，避免造成使用混乱。

在绘画过程中，对于那些经常使用的工具和命令用光标来选择的话，会显得麻烦、浪费时间。通过按快捷键的方式可以快速完成操作、执行命令，节省了操作时间、提高了效率。因此，常用的工具或命令的快捷键需要牢记并熟练使用。

表2-1　常用快捷键列表

| 工具或命令名称 | 快 捷 键 | 所属类别及位置 |
|---|---|---|
| 存储 | 【Ctrl+S】 | 菜单栏→【文件】 |
| 全选 | 【Ctrl+A】 | 菜单栏→【选择】 |
| 取消选择 | 【Ctrl+D】 | |
| 拷贝 | 【Ctrl+C】 | 菜单栏→【编辑】 |
| 粘贴 | 【Ctrl+V】 | |
| 撤销 | 【Ctrl+Z】 | 菜单栏→【编辑】 |
| 重做 | 【Ctrl+Y】 | |
| 全屏幕显示 | 【Ctrl+M】 | 菜单栏→【窗口】 |
| 隐藏工具箱、工具属性条、画笔选择条、浮动面板 | 【Tab】 | |
| 画笔工具（手绘笔触） | 【B】 | 画笔工具属性条 |
| 画笔工具（直线笔触） | 【V】 | |
| 增加画笔大小 | 【[】 | 画笔工具属性条→【大小】 |
| 减小画笔大小 | 【]】 | |
| 自定画笔大小 | 长按【Ctrl+Alt】键，按鼠标左键拖动光标，设定画笔大小 | 画笔工具属性条→【大小】 |
| 放大 | 【Ctrl++】 | 工具箱→【缩放工具】 |
| 缩小 | 【Ctrl+-】 | |
| 适合比例 | 【Ctrl+0】 | |
| 实际大小 | 【Ctrl+Alt+0】 | |
| 拖动画布工具 | 空格键 | 工具箱→【拖动工具】 |

| 工具或命令名称 | 快　捷　键 | 所属类别及位置 |
|---|---|---|
| 旋转画布工具 | 方法1：按【E】键，然后单击鼠标左键拖动光标；<br>方法2：长按【空格+Alt】键，然后单击鼠标左键拖动光标 | 工具箱→【旋转页面工具】 |
| 取消画布的旋转角度 | 方法1：按【E】键，然后在图像窗口内任意单击鼠标左键；<br>方法2：长按【空格+Alt】键，然后在图像窗口内任意单击鼠标左键 | 工具箱→【旋转页面工具】 |
| 擦除工具 | 【N】 | 工具箱→【擦除工具】 |
| 钢笔工具 | 【P】 | 工具箱→【钢笔工具】 |
| 吸管工具 | 方法1：【D】<br>方法2：使用【画笔工具】时，按【Alt】键 | 工具箱→【吸管工具】 |
| 油漆桶工具 | 【K】 | 工具箱→【油漆桶工具】 |
| 剪切并移动选区内容 | 方法1：建立选区后，按【F】键，单击选区范围并拖动光标；<br>方法2：建立选区后，长按【Ctrl】键，单击选区范围并拖动光标 | 工具箱→【图层调整】工具 |

（注：压感笔可替代鼠标的操作）

图2-22　硬质画笔

图2-23　素描　铅笔　刘明

图2-24　插画　粉笔、色粉笔、蜡笔　母健弘

# 任务二　了解Painter画笔

　　Painter有30多个画笔类型、各类画笔的变量总共有400多个。Painter每次发布的新版本中，都会在已有画笔的基础上新增画笔和功能。例如，Painter 10与Painter 9.5相比就新增了"Real Bristle Brushes"真鬃毛画笔；Painter X3比Painter 12增加了画笔笔触预览等功能。

　　这些画笔类型可以分为硬质画笔、软质画笔、调整画面效果画笔和其他类画笔四类画笔。初学者应逐一测试每个画笔的所有变量，了解画笔类型的各种笔触效果。常用画笔的一些使用方法与技巧会在后面的项目中结合练习范例详细介绍。

## 一、硬质画笔

　　硬质画笔包括铅笔、粉笔、色粉笔、孔泰蜡笔、蜡笔、油性蜡笔、炭笔、彩色铅笔等画笔（图2-22）。其中，铅笔、油性蜡笔、炭笔、色粉笔是常用画笔，数字铅笔模拟的笔触效果与真实铅笔在画布上的笔触效果非常接近（图2-23），也可以配合使用两种以上的画笔进行测试与绘画练习（图2-24）。

　　油墨类画笔也可以归为硬质画笔，模拟了笔尖画出油墨或墨水的笔触效果，有钢笔、液态墨水笔、油墨毡笔、马克笔等画笔（图2-25）。其中钢笔是常用画笔，例如钢笔的【平滑圆头画笔】变量笔触线条边缘清晰，压感粗细变化自然、顺畅（图2-26）。

图2-25　油墨类画笔

## 二、软质画笔

软质画笔包括数字水彩笔、水彩笔、油画笔、着色笔、丙烯笔、水墨笔、仿真鬃毛笔、艺术家油画笔、智能笔触笔刷、Art Pen画笔、书法笔、水粉笔、艺术家画笔。其中常用的是水彩笔、油画笔、丙烯笔等画笔（图2-27）。

### 1. 水彩画笔

（1）水彩笔

水彩笔能够模拟出逼真的水彩效果，还经常用来绘制水墨在宣纸上晕染的国画晕染效果。在画笔选择条中有两个水彩笔，分别是水彩笔和数字水彩笔（图2-28、图2-29）。

下面进行画笔测试，测试水彩笔和数字水彩笔的晕染效果。新建一张画布，在工具箱下部单击【纸纹选择】快捷图标，选择【法国水彩纸纹】（图2-30）。

分别使用水彩笔的【渗化鬃毛笔】变量与数字水彩笔的【简单尖水笔】变量进行颜色晕染测试。先画浅颜色，再用深颜色覆盖晕染。从测试效果能直观地看到两种画笔的区别（图2-31）。

下面，尝试使用水彩画笔画一张水彩画练习（图2-32）。用水彩笔在画布上画上第一笔后，图层中会自动生成一个水彩图层，水彩图层右边一个向下滴的蓝色水滴，表明水彩晕染效果未完成。当水滴停止不动时，完成笔触最终的晕染效果。水彩笔只能在水彩图层绘制，数字水彩笔无法在水彩图层上使用，需要单独新建一个图层后，在新图层上使用数字水彩笔绘画。这张画是先使用水墨笔的【粗糙鬃毛笔水墨笔】变量勾出老虎的轮廓，然后使用水彩笔的【渗化鬃毛笔】变量和数字水彩笔【简单尖水彩笔】变量晕染颜色，先使用浅颜色晕染，再用较深的颜色覆盖晕染。

（2）数字水彩笔

数字水彩笔可以说是水彩笔画笔的升级版，使用起来要比水彩笔简便一些。数字水彩笔可直接绘制在画布上、照片图像上，也可以在新建的图层上绘制水彩效果。下面画一

图2-26　风景写生　钢笔　母健弘

图2-27　软质画笔

图2-28　水彩笔

图2-29　数字水彩笔

图2-30　【纸纹选择】快捷图标

水彩笔的【渗化鬃毛笔】变量

数字水彩笔的【简单尖水彩笔】变量

图2-31　水彩笔与数字水彩笔测试效果

图2-32　水彩笔晕染效果
母健弘

29

图2-33 数字水彩画 母健弘

图2-34 干燥水彩图层前后的画笔覆盖效果对比

图2-35 数字油画临摹 孙伟宝

图2-36 数字国画临摹 陈嘉琦

个简单的练习,测试数字水彩笔效果。使用数字水彩笔的【宽水彩笔】变量,使用默认的画笔属性即可,画出荷叶和花瓣。先画浅颜色、再画深颜色,实现的晕染效果比较好(图2-33)。

最后用油性蜡笔的【矮胖油性蜡笔10】变量绘制花蕊、花柄和叶茎。需要注意的一点是,油性蜡笔画笔直接画在水彩图层上时,不能完全覆盖住数码水彩的颜色。选择【图层】→【干燥数码水彩】命令,将水彩图层或者画布进行干燥后,再使用油性蜡笔等画笔才能覆盖住水彩颜色(图2-34)。

### 2. 油画笔

油画笔、艺术家油画笔、丙烯笔、水粉笔等几种软质画笔有着类似的笔触效果,在绘画时可以配合使用。选择有厚涂效果的画笔变量,调节画笔属性数值,能够画出传统油画的厚涂效果(图2-35)。

### 3. 书法笔和水墨笔

书法笔和水墨笔的画笔变量能够模拟出类似的笔墨效果,但是要完全模拟出国画笔墨自由挥洒的笔触效果,比较困难。数字中国画的探索道路还有很长的道路要走。为了能够更加接近国画效果,在绘画过程中会配合使用水彩笔、喷笔等其他画笔,还会使用到调节画面效果画笔,这也是数字绘画的一个特点(图2-36)。

## 三、调节画面效果画笔

调节画面效果的画笔有调和笔、橡皮、扭曲变形笔、克隆笔、照片笔、特效笔(图2-37)。这类画笔可以与其他画笔配合使用,对画面进行修饰、调整,添加特效。

### 1. 调和笔

调和笔工具是经常使用到的工具(图2-38),它能够很好地调和相邻的两个颜色,实现自然的渐变过渡效果(图2-39)。

下面画一个苹果,测试调和笔的调和效果。首先,使用中号油画笔的【沾染圆笔】变量画一个笔触明显的苹果。然后,

图2-37 调节画面效果画笔

图2-38 调和笔

图2-39　使用调和笔的修饰效果

使用调和笔进行适当的修饰处理,使颜色块面结构的过渡更圆滑、自然(图2-40)。但是,切忌过度使用调和笔,避免使画面效果显得"腻"、死板,缺乏画意和笔触的生动感。

### 2. 特效笔

特效笔有很多画笔变量,可以对画面进行各种特效处理(图2-41)。其中常用的是【发光】变量,可以不必使用画笔一笔笔画,就能为物体添加有颜色的环境光和反光。使用方法很简单,选择工具箱中的"主要色"颜色,就是要发光的颜色,颜色的变化程度可以在画笔属性条中进行调节。调试好特效笔画笔属性后,用特效笔提亮,画出反光、环境光、高光(图2-42)。

### 四、其他类画笔

喷笔、图像喷管、图案画笔、厚涂画笔、海绵、调色刀这些画笔可以画出特殊的笔触效果,可以根据画面的具体形式与需要选用(图2-43)。例如,喷笔可以模仿喷枪的效果,类似Photoshop基本画笔中的柔边画笔。图像喷管笔可以喷出图案,图案画笔可以画出图案(详见项目三任务五中的图案画笔与图像喷管)。

图2-40　使用调和笔的修饰效果

图2-41　特效笔

图2-42　用【特效笔】的【发光】变量画出高光、环境光与反光

图2-43　其他类画笔

## 任务三　初识 Photoshop

　　Photoshop 软件是 Adobe 公司推出的一款非常优秀的图像处理软件，也可以用于数字绘画创作。自发布以来，Photoshop 逐渐在各行各业都得到了普遍应用，各所高校也在大学基础阶段开设了电脑基础课程以及 Photoshop 图像处理等软件学习课程，Photoshop 已经成为插画、漫画、艺术设计、影视动画等相关专业必须掌握的基础软件之一。

　　Photoshop 面市以来，不断推出升级的版本，目前最新版本是 Photoshop CC，但是与所有数字绘画软件一样，软件的绝大部分的内容仍然在新版本中得到延续，只是在原有功能的基础上增加新的功能与工具，升级的版本不会影响老用户的使用。本任务将以 Photoshop CS4 版本作为讲述的版本（图 2-44）。对于刚刚接触 Photoshop 的初学者，建议使用最新的版本。

图 2-44　Photoshop CS4 版本

## 一、Photoshop 的界面

　　Photoshop 界面的几大组成部分几乎与 Painter 是一样的，分别是菜单栏、工具箱、工具属性条、图像窗口、浮动面板和【切换画笔面板】图标（图 2-45）。Photoshop 与 Painter 相比较，界面中有几个局部的设计略有不同：

图 2-45　Photoshop CS4 软件界面

第一，Painter有画笔选择条，在Photoshop界面里与之相应就是【切换画笔面板】快捷选择图标。

第二，Photoshop在菜单栏的右边摆放了常用的工具和命令的快捷选择图标，方便用户操作。

第三，Photoshop提供了不同类型的工作区。Photoshop软件功能非常强大，可以进行图像处理、数字绘画、制作动画、制作网页等工作，因此软件设计了不同类型的工作区。用户单击菜单栏中的【窗口】→【工作区】命令，在弹出的面板中可以选择不同类型的工作区，可以根据自己的工作需要和使用习惯选择工作区界面。

Photoshop工作区的面板布局与Painter一样，可以存储自定义的面板布局。选择【窗口】→【工作区】→【存储工作区】命令，既可以保存用户正在使用的面板布局，还可以随时提取这个自定义的面板布局，方便使用。

## 二、工具箱和工具属性栏

Photoshop的工具箱与Painter的工具箱非常相似，两个软件的工具图标的设计、工具组的显示方式、常用工具的基本功能都基本相同（图2-46）。

Photoshop和Painter常用工具的快捷键基本相同。例如，两个软件的画笔工具 ✏ 的快捷键都是【B】。两个软件相同工具的快捷键如果不同，则需要分别记忆，避免混淆。例如，Photoshop的油漆桶工具 ◇ 和橡皮擦工具 ◇ 的快捷键分别是【G】和【E】，而Painter两个工具的快捷键分别是【K】和【N】。

Photoshop工具箱中的每个工具都有其相应的属性。用户选择一个工具后，此工具的属性会在工具属性栏中显示（图2-47），可以根据需要对工具属性进行调整，这个设计与Painter相同。

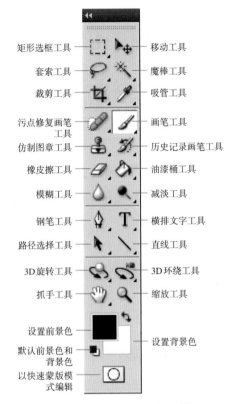

图2-46　Photoshop的工具箱

图2-47　画笔工具的工具属性栏

## 三、画笔

### 1. 画笔选择与调节

Photoshop的画笔没有Painter那么多画笔类型与画笔变量可以选择，在【画笔】面板中提供了默认的可选择的画笔，每个画笔的属性数值都可以在【画笔】面板中进行调节，或者重新创建一个新的画笔。

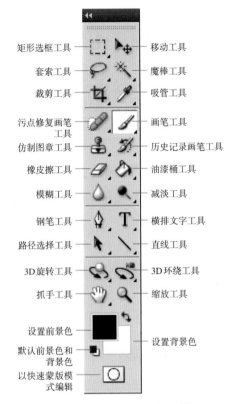

項 目 二
数字绘画软件基础

Photoshop的画笔选择和画笔属性数值的调节方式与Painter不同，单击Photoshop工具箱的【画笔工具】，然后再单击工具属性栏右侧的【切换画笔面板】图标，打开画笔设置面板。用户可以直接单击【画笔预设】及【画笔笔尖形状】选项后，在弹出的面板中调节画笔属性数值，进行画笔属性设置（图2-48）。

### 2. 画笔与画布

Photoshop的画笔设置和画布纹理设置是在一起的（图2-49）。在没有任何纹理影响画笔笔触效果的白背景画布上画一笔，可以直接将画笔和画布的最终效果画出来。

而Painter的画笔设置和画布纸纹设置是分开的，是对客观现实绘画的模拟，要注意这一点的区别。使用Painter绘画前，除了选择画笔、进行画笔设置之外，还要选择画布并设置画布纸纹（详见项目三任务一中的设置画布和纸纹）。而使用Photoshop绘画前，设置好画笔就可以开始作画了。

### 3. 画笔设置及绘画效果

Photoshop的画笔经过自定义设置，可以模拟出各类传统绘画的画笔效果，例如水彩的晕染效果（图2-50）。Photoshop画笔模拟水彩效果需要两个步骤，先用水彩笔画出笔触，然后用涂抹工具制作水彩晕染效果。下面选择两种画笔进行水彩画笔效果测试。

（1）水彩笔设置

我们首先选择工具箱的【画笔工具】，单击画笔属性栏中的【画笔变量】图标，打开【画笔预设】面板，硬度设置为"100%"；然后单击面板右上角的三角图标打开选项面板。这个面板中的右半部分是软件已有画笔的分类，可以快速选择不同的画笔类型，本例选择最下面的【湿介质画笔】（图2-51）。

单击工具属性栏右侧的【切换画笔面板】图标，在弹出的【画笔】面板中选择【画笔预设】选项，任选两种画笔进行测试。

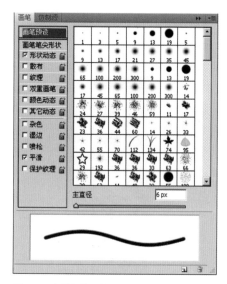

图2-48　切换画笔面板

柔角喷笔

湿海绵画笔

Char Paint 1 Original 画笔

图2-49　Photoshop的不同画笔在同一张画布上画出的笔触效果

图2-50　动画短片《白绿墙之闹天宫》背景的水彩效果　张国栋

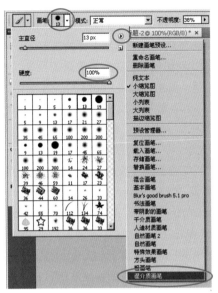

图 2-51 选择"湿介质画笔"

图 2-52 选择两款湿介质画笔

粗散布画笔

中号湿边油彩笔

图 2-53 两款湿介质画笔测试

为了方便看到画笔名称,单击面板右上角的按钮图标,选择【大列表】即可(图 2-52)。使用【画笔预设】中的【粗散布画笔】和【中号湿边油彩笔】两种画笔,分别在画布上画完一笔后,再用第二笔覆盖第一笔笔触,观察画笔效果(图 2-53)。

（2）涂抹工具模拟晕染效果

选择工具箱中【模糊工具】组中的【涂抹工具】，制作晕染效果。单击【切换画笔面板】图标，在【画笔预设】中设置【涂抹工具】属性选项：勾选【散布】选项后,在右侧勾选【散布】的【两轴】选项,将【散布】百分比设置为"62%",【散布】的【控制】设置为"钢笔压力",【数量】设置为"2",【数量抖动】百分比设置为"100%",【数量】的【控制】设置为"钢笔压力";保留【画笔预设】中【平滑】选项的勾选状态(图 2-54)。

使用设置好的涂抹工具在两款湿介质画笔测试图上涂抹,模拟出水彩晕染效果(图 2-55)。

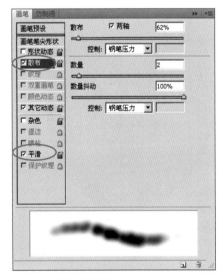

图 2-54 涂抹工具属性设置

图 2-55 使用涂抹工具晕染效果

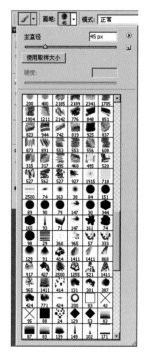

图2-56 加载新画笔

图2-57 插画 Photoshop画笔绘制 肖理文

图2-58 建立正圆形选区并设置羽化值

## 4. 加载新画笔

Photoshop默认画笔的数量是有限的，但是可以加载更多的新画笔。互联网上有各式各样的画笔类型，这些画笔都是个人或公司制作的，用户可以免费下载并加载到Photoshop的【画笔】面板中去。互联网有专门为初学者设计的画笔，也有适合专业人士使用的画笔，比如模拟传统绘画效果的画笔、特效调节笔、添加纹理画笔等。加载画笔是Photoshop的一个非常必要的补充，使得Photoshop能够在数字绘画领域与Painter分庭抗衡。

加载画笔的方法很简单，将下载的压缩文件解压，解压后的画笔文件是以".ABR"为后缀的电子文件。用户将文件拷贝到Photoshop默认安装目录"C:\Program Files\Adobe\Adobe Photoshop CS4\Presets\Brushes"文件夹内，重启Photoshop后即可使用新画笔。用户单击工具箱里的【画笔工具】，然后在【画笔工具】属性栏里的【画笔变量】选择图标，在弹出的【画笔预设】选取器中选择已经加载的新画笔（图2-56）；还可以单击工具属性栏右侧的【切换画笔面板】图标，在弹出的【画笔预设】选取器中选择已经加载的新画笔。

设置好新画笔属性后，就可以在画布上作画了（图2-57）。

## 5. 创建自定义的新画笔

Photoshop的画笔可以由使用者自己创建，喷出的图案及画笔属性可以自定义设置。如果选择了一个具象的叶子图案，那么这片叶子将作为新画笔的笔尖图案，画出一连串叶子的图案笔触。下面简要介绍一下自定义画笔的创建方法，并创建一个能画出纸纹纹理的画笔。

在Photoshop中打开一个水彩纸的素材图片，然后使用【椭圆选框工具】建立一个正圆选区（图2-58）。如果想让画笔笔尖图案的四周是柔和边缘的效果，执行【选择】→【修改】→【羽化】命令，将选区的边缘羽化。

保持选区不动，执行【编辑】→【定义笔刷预设】命令，在弹出的对话框中将新创建的画笔命名为"样本画笔324"，单击【确定】按钮后自定义画笔创建完成（图2-59）。

接下来需要对新画笔进行属性设置。画笔的属性数值设置没有固定的标准，而是根据使用者的需要以及最终画笔效果

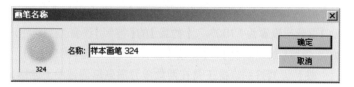

图2-59 为新创建的画笔命名

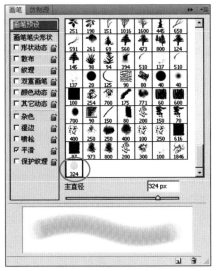

图2-60　选中自定义的画笔

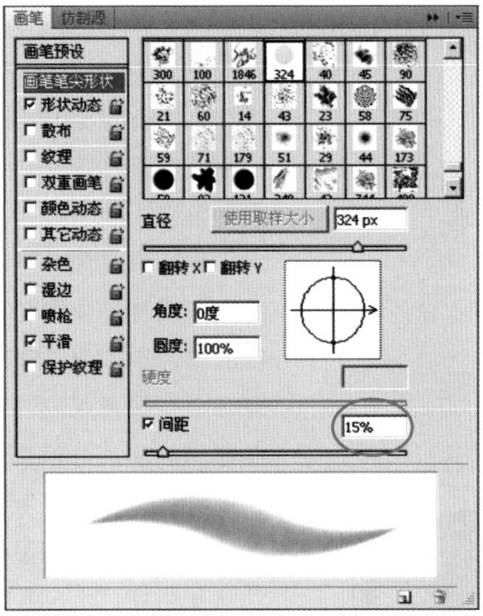

图2-61　调节【画笔笔尖形状】选项的【间距】数值

而确定。单击工具属性栏右侧的【切换画笔面板】图标 📋 ，在弹出的【画笔预设】面板中选择刚才创建的新画笔"样本画笔324"（图2-60）。

　　单击【画笔笔尖形状】选项，在右边的选项面板中拖动【间距】滑块，将百分比数值设置为"15%"（图2-61）。

　　勾选【形状动态】选项，在右边的选项面板中拖动【大小抖动】滑块，将百分比数值设置为"6%"，在【控制】的选项中选择"钢笔压力"（图2-62）。

　　创建一张画布，测试画笔的使用效果（图2-63）。如果不满意，可以对【画笔预设】属性数值进行重新设置。画笔的颜色可以单击工具箱中的"前景色"图标，在弹出的【拾色器】面板中进行选择。

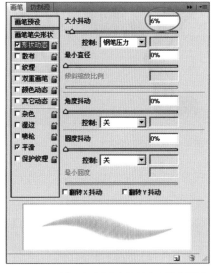

图2-62　调节【形状动态】选项的【大小抖动】数值

# 任务四　绘画软件基础知识

## 一、位图与矢量图

　　图像的类型基本可以分为位图与矢量图两种。两种类型的图像制作方式不同，各有优缺点，可以互相配合使用、弥补不足。

图2-63　画笔笔触效果

### 1. 位图

　　位图也称像素图，是由像素点（pixel）组成的，能够精确记录色彩和黑白调子的层次。位图的清晰度由图片的分辨率决定，图像分辨率越高、像素点越多，图像越清晰。使用工具栏中的放大工具放大图像局部,就会清晰地看到图像是由一个个小方块组成的,一个小方块就是一个像素点(图2-64)。Painter、Photoshop和SAI都是位图软件,或者称为像素图软件,这类软件存储的文件较大,如果存储为PSD格式分层文件会占用更多的硬盘空间。

分辨率是指一张图片每标准单位内含有多少个像素点,它决定了图片的质量和清晰度。在软件中创建画布时,分辨率选项的常用单位是"像素/英寸",意思就是图片在每平方英寸内有多少个像素点,英文是Dots Per Inch,缩写为dpi。制作印刷品使用的图片分辨率为300dpi,如果是喷绘打印的话,分辨率在80dpi至200dpi都可以,越是大型的户外广告喷绘,分辨率就越低。电脑屏幕显示的分辨率为72dpi。如果我们绘制一张21.5厘米宽、27.5厘米高的杂志封面插画,需要创建一张22.1厘米宽、28.1厘米高的画布(四边预留3毫米出血值,将来会裁切掉),分辨率设定为300dpi。

### 2. 矢量图

矢量图形以线条与色块的形式呈现,除了单色色块,还可以为色块添加简单的渐变与纹理材质。在矢量图软件界面中将矢量图形任意放大、缩小、变形后,图形的清晰度不变。矢量图的存储文件也非常小。矢量图软件可以制作标识、卡通造型等矢量图形或图案,还可以制作动画。例如,Flash软件就是一款功能强大的动画制作软件,不仅可以用钢笔工具制作矢量图形,还可以使用刷子工具绘制出有压感的矢量笔触。动画片《兔宝和龟蛋》的动态分镜头脚本、原画、中间动画、勾线、上色等环节都是使用Flash制作的。片中动画角色的制作就是先使用Flash钢笔工具勾出边线,然后再逐一填色(图2-65),而背景则是在Painter和Photoshop中绘制的位图文件(图2-66)。

图2-64　位图及局部的放大

图2-65　矢量角色的勾线与填色

图2-66　Flash动画《兔宝和龟蛋》镜头完成效果　母健弘

## 二、色彩模式

### 1. RGB与CMYK

　　Painter中有RGB和HSV两种色彩模式,用户可在【颜色】浮动面板中进行显示切换(图2-67)。在Photoshop中单击菜单栏中的【图像】→【模式】命令,在弹出的面板中显示了各种色彩模式。除了RBG色彩模式之外,还提供了位图、灰度、CMYK、Lab颜色等色彩模式。

　　RGB和CMYK是最为常用的两种色彩模式,两种模式的基本原理却不相同。RGB模式是以红、绿、蓝三原色为基础相互叠加而在显示器上显示色彩的模式。而CMYK是印刷模式,它把颜色分为黄、品、青、黑四个颜色。在电脑中进行数字绘画一般使用的是RGB的颜色模式,如果图片要进行印刷,就必须在印刷前将图片的色彩模式改为CMYK四色模式。这时,颜色通道中出现了四个颜色的通道,电子文件在经过出片、打样、制版等印刷工艺后,分别使用四种颜色的油墨叠加印刷就印刷出了彩色印刷品。如果直接使用RGB的图片输出菲林片,印刷出来的图片会出现杂点等问题。

### 2. 软件颜色设置

　　如果同一张图片分别在Painter和Photoshop中打开,通过肉眼能够观察出明显的色彩差别的话,就是两个软件的色彩样式设定不同导致的。这就需要对两个软件的色彩样式进行统一设置,减少显示偏差。执行Painter菜单栏【画布】→【色彩管理设置】命令,在弹出的对话框中查看【默认RGB剖面图】选项是否是保持默认的"sRGB IEC61966-2-1 noBPC"选项。然后打开Photoshop软件,执行菜单栏【编辑】→【颜色设置】命令,在弹出的对话框中查看【RBG(R)】的选项是否选择了"sRGB IEC61966-2.1",如果不是,选择该选项。这样两个

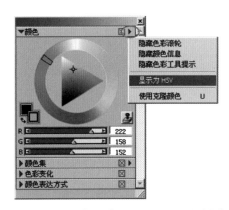

图2-67　Painter【颜色】面板中RGB和HSV模式切换

软件的颜色显示就基本一致了。

　　Painter的图像窗口右上角有一个色彩校正图标（图2-68）。用户单击该图标可以关闭当前的色彩样式"sRGB IEC61966-2-1 noBPC"，关掉后图像的对比度会略清晰，整体没有明显变化，建议不要关闭该选项。

图2-68　Painter图像窗口的色彩校正图标

## 三、存储格式

　　Photoshop可以输出PSD格式的分层文件，这个格式的文件也可以在Painter里打开、存储，文件中的图层、图层蒙版、Alpha通道等信息都会在Painter图层中完好保留，可以正常使用，并且图像的画面效果没有任何损失。因此，PSD格式分层文件成为两个软件互相协作的通用文件格式。

　　要注意的一点是，在Painter里绘制的PSD格式文件在Photoshop中打开后，矢量形状图层、水彩图层、液态墨水图层等特殊图层将无法正常显示和使用。因此，要先在Painter中将这些特殊图层转换为普通图层，再存储为PSD格式文件，这样文件就可以在Photoshop中正常打开了，画面效果保持不变。

　　Painter软件自己的文件存储格式是RIFF格式，RIFF格式文件不能用Photoshop打开。如果在Painter和Photoshop中绘制相同尺寸和分辨率的画面，存储的RIFF格式文件要比PSD格式文件小得多。Painter的存储格式还有TIFF、PNG、BMP、TGA、GIF、JPEG、EPS等存储格式，这些存储格式文件都能用Photoshop打开（图2-69）。

　　TIFF格式文件是普遍使用的、合并图层的印刷格式文件，也可以存储为保留图层的TIFF文件，但是文件较大，因此会普遍输出合层的TIFF格式文件。TIFF格式是采用无损压缩方式存储的格式。JPEG格式文件与TIFF格式文件相比，采用的是有损压缩方式，在存储的时候会弹出【JPEG编码品质】对话框，调节【品质】选项滑块，设置压缩品质（图2-70）。百分比数值越高，损失越少，图像越清晰；百分比数值越低，图像损失

图2-69　Painter的存储格式

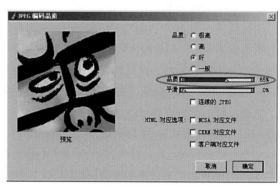

图2-70　【JPEG编码品质】对话框

越多,质量越低,文件越小。用户可将文件设置为"极高"品质,将【品质】滑块设置为"100%"即可。

PNG和TGA格式在动画制作和输出序列帧文件时会经常用到,TGA格式的文件能够携带Alpha通道。PNG是质量损失较少的压缩格式,同样一张图存储为PNG格式文件要比TGA格式文件小得多。因此专业人士普遍使用PNG格式输出动画序列帧文件。

在进行数字绘画的过程中,用户可以使用一款软件从开始画到结束,但是多数情况下会根据需要使用到多个绘画软件,运用各个软件的强项来绘制完成一张数字绘画作品,可以快捷地实现最佳的画面效果。例如,在软件Painter或者SAI中勾线,在Painter中绘制手绘画笔效果,在Photoshop里做图像处理、色彩调节,在Illustrator、Flash中制作矢量图形等。

项 目 二
数字绘画软件基础

作 业

1. 测试Painter及Photoshop的各类画笔类型及画笔变量的笔触效果。

测试时调节画笔的各项属性数值,观察属性数值变化对笔触效果的影响。

(1)对Painter各类画笔的不同画笔变量进行逐一测试。

(2)对Photoshop【画笔预设】中的画笔类型进行逐一测试,并尝试加载新画笔进行笔触效果测试。

2. 数字色彩习作

经过画笔测试后,任选Photoshop或Painter的一种画笔类型,画一张色彩习作,绘画形式不限。在练习中掌握软件基础知识及操作技巧。学生可以用照片写生的方式进行色彩写生练习,也可以临摹绘画作品。

以上两个题目一周内完成,下次上课进行作业观摩与讲评。

3. 图片资料收集与准备

养成收集各类图片的习惯,按人物照片、风景照片、国画、油画、插画、场景设计、角色设计、服饰道具等分类方式将图片分别放入不同的文件夹中,建立自己的图片素材库。在后面的项目练习中会选用其中一些图片素材进行课堂练习。

# 项目三 Painter 基础练习

● **项目提要**

　　本项目在介绍了Painter绘画前的设置与准备之后，通过具体的练习范例讲解软件基础知识与绘画技巧。在介绍临摹范例的过程中讲述 Painter菜单栏、工具箱及浮动面板中的常用命令。在矢量图形制作范例和材质库与图案喷图范例中，讲解常用工具的功能及使用技巧。

● **关键词**

　　绘画前的设置；临摹练习；图层；快速克隆；反复存储；矢量图形工具；材质库；图案画笔；图像喷管

*Painter 基础练习*

**项目三**

学习数字绘画的过程是一个从"量"的积累到"质"的提高的转变过程，需要投入大量的时间与精力进行学习与练习。在数字绘画基础学习阶段，没有必要面面俱到地学习 Painter 软件中所有的功能与命令。因此，本项目将通过绘画练习范例，重点介绍 Painter 软件中的常用命令及绘画技巧，掌握这些基础内容就可以开始进行绘画练习了。软件中不常用的功能及模块本教材将不做讲解，例如菜单栏中的"影片"、"脚本"等内容。

## 任务一　绘画前的设置

Painter 软件及数位板驱动程序安装好后，需要进行几个步骤的设置与准备工作才能开始绘画。它们是设置显示器分辨率、设置画布和纸纹、数位板与压感笔测试、笔迹追踪设置、选择及创建画笔、存储画笔、工作面板布局的存储。这些操作步骤是必不可少的，为后面的绘画环节做好了准备，扫除了工作障碍，避免了错误和问题的发生。每次打开绘画软件开始绘画前，都要进行这几个步骤的设置与准备工作，形成良好的工作习惯。

### 一、设置显示器分辨率

开始绘画之前要设置最佳的显示器屏幕分辨率，并确保屏幕像素显示的宽高比为 1∶1。不同版本的 Windows 系统界面有所不同，但都可以方便地找到分辨率设置命令（图3-1、图3-2）。一种方法是用鼠标右键单击屏幕桌面，在弹出的面板中单击【屏幕分辨率】命令进行调节。还有一种方法是单击屏幕桌面左下角的【开始】→【控制面板】命令，在弹出的面板中找到调整屏幕分辨率的命令。调整完毕后，不论是显示照片，还是显示数字绘画作品都是正常比例，而不会出现拉高或压扁的显示比例问题。例如，我们以一台最佳分辨率为 1920×1200 像素的显示器为例，其像素宽高比为 1∶1，然后打开一张人像作品图片，显示的图片比例正常。如果，将显示器的分辨率设置为

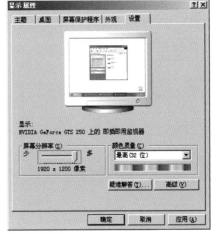

图3-1　WindowsXP系统的【显示属性】对话框

图3-2　Windows7系统的显示器屏幕分辨率
　　　　设置对话框

图3-3　正常显示（左）与变形显示（右）对比

1920×1080像素后，此时显示的作品图片出现拉高、变形的现象（图3-3）。因此，在绘画前一定要查看一下显示器分辨率是否是最佳显示分辨率，避免显示变形的问题。

## 二、设置画布和纸纹

### 1. 设置画布

打开Painter，创建一个画布文档。执行【文件】→【新建】命令，在弹出来的对话框中可以根据需要设置画布的【画布大小】和【图画类型】。画布的尺寸、分辨率大小已经在前面的项目中介绍过了，在这里我们设置【画布大小】的【宽度】为"10"厘米、【高度】为"15"厘米、【分辨率】为"300"像素/英寸（dpi），【画布颜色】选项不用选择。在【图画类型】内勾选【图像】选项，下面的【影片含有帧】选项是制作影片或动画时创建画布的选项，创建单张画布不用选择该选项（图3-4）。最后，单击【确定】按钮后弹出一个图像窗口，里面的白色区域就是创建的画布。

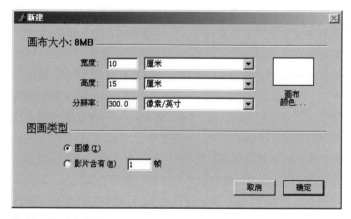

图3-4　【新建】对话框

### 2. 画布纹理设置

单击工具箱底部的【纸纹选择】快捷图标,在弹出的面板中选择需要的纸纹。我们选择默认的【基本纸纹】,然后单击面板右上角的黑色三角形图标(图3-5),在弹出的面板中选择【启动面板】,即可打开【纸纹】面板。也可以单击菜单栏中的【窗口】→【材质库面板】命令,在弹出的面板中选择【纸纹】命令,打开【纸纹】面板。

【纸纹】面板弹出后,可以调节并设置【基本纸纹】的【纸纹比例】、【纸纹对比度】、【纸纹亮度】等数值(图3-6)。纸纹数值调节好后,Painter会自动记录设置的数值。再次启动软件的时候,软件仍会保留最近一次纸纹的设置数值。

下面用Painter【铅笔】中的【颗粒覆盖铅笔2】变量进行纸纹测试(图3-7)。在同一块画布上,每更改一次纸纹设置后用铅笔画一个线条。可以看到,同一只铅笔在不同纸纹的画布上画出的线条效果是不同的(图3-8)。

图3-5 【纸纹】材质库

## 三、压感笔测试与笔迹追踪

### 1. 光标测试

在安装数位板驱动后,将压感笔的笔尖放到数位板绘画区域内,然后移动压感笔到数位板绘画区域的左上角和右下角,如果光标同步移动到了显示器屏幕的左上角和右下角,并且单击界面的菜单栏后会弹出菜单,说明数位板的绘画区域和显示器屏幕已经匹配一致,数位板和压感笔已经可以正常使用了。如果压感笔移动到了数位板绘画区域的左上角或右下角,但是光标并没有移动到显示器屏幕的左上角或右下角,说明有问题存在,需要排查原因。可能是数据线接口未插紧,也可能是数位板驱动没有正确安装,或者是数位板驱动与电脑系统不兼容的问题,还有可能是数位板硬件问题。如果确定是硬件问题,需要及时退换货或者进行维修。

### 2. 压感测试

选择一款有压感属性的画笔,例如钢笔画笔。选择【钢笔】→【圆头尖笔 20】变量(图3-9)。在新建的画布上画几笔,测试是否有画笔压感(图3-10)。如果有压感,笔触会根据

图3-6 【纸纹】面板

图3-7 【铅笔】的【颗粒覆盖铅笔2】变量

艺术家画布纸纹

法国水彩纸纹

基本纸纹

图3-8 铅笔在不同纸纹画布上的笔触测试效果

无压感

有压感

图3-9 【钢笔】的【圆头尖笔20】变量

图3-10 压感笔的压感测试

47

笔尖压力的大小产生粗细变化,说明数位板与压感笔可以正常使用。如果没有压感,首先查看是否选择了有压感属性设置的画笔,然后再查看数位板驱动是否安装成功,数据线是否插好等问题,逐一排查。

### 3. 笔迹追踪

一切就绪后,需要进行画笔的"笔迹追踪"操作。单击菜单栏中的【编辑】→【预置】→【笔迹追踪】命令,在弹出的对话框上半部分的矩形框内用一定的压力画一笔,Painter会将这一笔的压力大小及运笔速度等数值记录下来,使画笔属性与使用者的运笔习惯相匹配,然后单击【确定】按钮(图3-11)。

需要注意的是Painter软件退出后,再次打开Painter开始绘画前,仍需要进行笔迹追踪的操作。

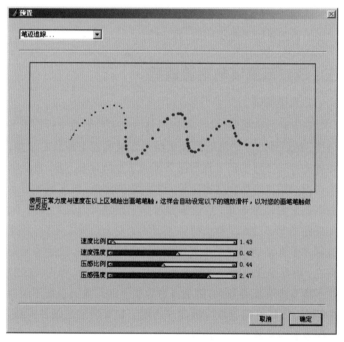

图3-11 笔迹追踪

## 四、选择画笔与创建画笔

### 1. 选择画笔

选择Painter画笔最简便的方法就是,在画笔选择条中选择默认画笔类型及画笔变量,然后在画布上逐一试验画笔的笔触效果,直到找到满意的画笔为止。

### 2. 创建画笔变量

选择一种默认的画笔类型之后,调节画笔的属性数值,就可以创建新的画笔变量。单击菜单栏中的【窗口】→【显示画

图3-12　画笔创建器

笔创建器】命令,弹出【画笔创建器】浮动面板。在面板左半部分有三个选项卡分别是【笔触设计器】、【随机化】和【调换】。在默认显示的【笔触设计器】选项中设置各项画笔数值,呈灰色的选项不能进行设置。在面板右半部分的画布上可以直接测试画笔效果。在得到满意的画笔效果后,单击面板右上角关闭按钮,就可以使用新创建的画笔了(图3-12)。

图3-13　命名新画笔变量

　　存储新画笔变量的方法是单击画笔选择条最右边的三角图标按钮▶,在弹出的面板中单击【存储变量】命令,然后在对话框中输入新画笔变量名称(图3-13),新的画笔变量就会存储在画笔选择条的画笔变量面板中了。

　　调节画笔属性还可以在【画笔控制】面板中操作。单击菜单栏中的【窗口】→【画笔控制】→【常规】命令,打开【画笔控制】面板。面板中有【常规】、【大小】、【间距】、【角度】、【鬃毛】等多个画笔属性调节命令(图3-14)。调节画笔的各项属性数值就可以创建新画笔。需要注意的是,调节过的画笔变量属性数值,软件会自动保存,重启软件后仍然会保留调节后的数值设置。恢复画笔默认属性的方法在前面的项目中已经介绍过了(详见项目二任务一Painter的界面中的"5.工具属性条")。这种调节画笔属性的方法比较专业,适合那些已经熟练掌握Painter的用户,对于初学者来说,使用默认画笔及画笔变量即可。

### 3. 创建自定义画笔类型

　　通过设置和调节画笔的各种数值,可以创建新画笔,还可以自定义画笔的笔尖图案、创建新的画笔类型。打开一张图案

图3-14　【画笔控制】
面板

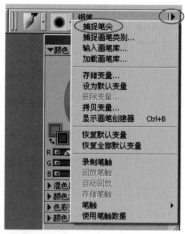

图3-15　选取图案　　　　　　　图3-16　捕捉笔尖

图3-17　调节【间距】数值

图3-18　测试画笔效果

图3-19　新画笔绘画效果

图3-20　将多个画笔拖入自定义画笔库

素材，或者在白色画布上画一个黑色图案。然后使用工具箱中的【矩形选区工具】，选中所要捕获的笔尖图案（图3-15）。

然后，单击画笔选择条最右边的三角形图标按钮，在弹出的面板中点选【捕捉笔尖】命令（图3-16）。

单击菜单栏中的【窗口】→【画笔控制】→【间距】命令，在弹出的【画笔控制】面板中设置画笔属性数值，这里将画笔【间距】选项滑块移动到"163%"左右即可，加大画笔图案之间的间距（图3-17）。

最后，在画布上测试画笔效果（图3-18）。

双击工具箱中的"主要色"图标，在弹出的【颜色】面板中设置画笔颜色。画笔的透明度可以在画笔属性条中设置【不透明度】数值。设置好画笔的各项属性数值之后就可以在画布上绘画了（图3-19）。

## 五、存储画笔

### 1. 建立自定义画笔库

在Painter里一般会使用多个画笔相互配合进行绘画。每次换画笔时都要在画笔选择条中选择画笔类型与画笔变量，从而带来不便。那么，就需要将多个画笔放到一个画笔库面板中，将画笔存储起来，并且能随时提取使用。

用光标单击并长按画笔选择条最左边的画笔图标，进行拖动。该画笔就自动形成一个自定义画笔库面板。使用这个方法，可以将多个画笔拖动到这个画笔库中（图3-20）。

按住【Shift】键的同时点按画笔图标并拖动，就可以移动画笔图标在画笔库面板中的位置。按住【Shift】键的同时点按画笔图标并拖出画笔库面板之外，即可移除画笔。

### 2. 存储自定义画笔库

将自定义画笔库面板进行重新命名。单击菜单栏中的【窗口】→【自定面板】→【面板】命令,在弹出的【自定面板组】对话框中将自定义画笔库重新命名为"我的画笔",单击【完成】按钮完成命名(图3-21)。

下面,将自定义画笔库输出为电子文件。首先,在【自定面板组】对话框中点选【我的画笔】选项,然后单击【输出】按钮,在弹出的对话框中选择存放画笔库文件的位置,将文件命名为"我的画笔",单击【保存】按钮(图3-22),在文件夹中就会出现一个刚刚存储的PAL格式文件,它就是自定义画笔库的电子文件。

图3-21 重命名自定义画笔库

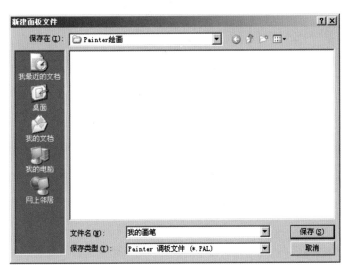

图3-22 保存"我的画笔"画笔库

如果想在另一台电脑的Painter中继续使用"我的画笔"中的画笔,只需要打开【自定面板组】后单击【输入】按钮,找到"我的画笔"的PAL格式文件,就可以在Painter界面上弹出【我的画笔】画笔库面板。这样的设计给使用者带来了极大的方便,不仅可以随时调取自定义画笔库,还可以将自定义画笔库文件存储在U盘等移动存储设备或者是网络硬盘中,在其他电脑上随时输入并使用自定义画笔库中的画笔。

## 六、工作面板布局

不同绘画作品的尺寸大小与分辨率设置是不同的,每个人使用Painter的习惯也是各不相同的,我们会随时移动面板位置,调整软件界面的工作面板布局。例如,绘制一张电影的前期概念设计图,画布是横宽的矩形,将工具箱和面板摆放在图像窗口下面的面板布局就比较合理(图3-23)。

Painter可以存储不同的面板布局,用户可以任意调取已存

图3-23 面板布局

储的面板布局,进行面板布局的切换。存储该面板布局的方法是,首先单击菜单栏中的【窗口】→【排列面板】→【存储布局】命令,然后在弹出的【面板布局】对话框中将当前布局进行重新命名,单击【确认】按钮,这个布局就存储好了。如果在后面的绘画过程中移动或关闭了某些面板,想恢复到之前存储的面板布局,用户只需单击【窗口】→【排列面板】命令,在弹出的面板中选择刚命名的面板布局即可。

## 任务二 线描国画临摹练习

在完成了绘画前的设置与准备工作后,就可以进行数字绘画临摹练习了。"临摹"是指以名家的绘画作品为蓝本,进行模仿学习。其中的"临"和"摹"的意思是不同的,"临"是指照着原本写或者照着原图画,而"摹"是指用薄纸蒙在原本或原图上面写或者画。现在,人们普遍地将"临"和"摹"统称为"临摹"了。

使用"摹"的方法可以进行基础的运笔练习。Painter的"快速克隆"功能实际上就是"摹"的意思,参照新建画布上出现的半透明的原作进行摹写。在"摹"的练习之后,应该鼓励

52

图3-24　数字国画临摹　沈玮

图3-25　数字国画临摹　徐博

图3-26　数字国画临摹
张娟娟

并提倡初学者更多地采用"临"的方法进行临摹，这样的临摹练习才能更有效地提高绘画水平和绘画造型能力。

　　传统中国画将诗、书、画、印结合起来，融为一体。单从"画"的角度看，要想使用数字绘画工具画好国画效果，要有一定的绘画基础，最好先尝试使用纸、墨和毛笔等传统国画工具进行一些临摹练习。能够画好传统国画的人，在掌握数字绘画工具后就能够画好数字国画。反之，即使能够熟练使用数字绘画工具，却没有传统国画的绘画基础，不了解笔墨的干湿浓淡，皴擦点染，肯定是画不好数字国画的。

图3-27　数字国画临摹　李倩雯

　　传统中国画是使用毛笔、墨、砚、宣纸等绘画工具绘制出来的，每一笔的线条都是一气呵成。使用Painter虚拟画笔和虚拟纸张绘制的笔墨线条只是对国画效果的模拟，无法完全模拟出真实毛笔在纸张上的绘画效果，非常长的线条需要画很多笔进行衔接，还要配合擦除工具进行修饰。使用Painter临摹国画的基础练习对于数字绘画的初学者来说是非常有必要的，通过这个练习能够清楚地知道数字绘画软件的"能"与"不能"，为今后的数字绘画创作打好基础（图3-24至图3-27）。

　　在下面的范例中，将使用"快速克隆"的方法来"摹"一幅线描国画。这幅画是唐代画家吴道子的《送子天王图》局部，画中人物生动传神，吴道子善用流畅的线条表现飘逸的衣褶，被誉为"吴带当风"。《送子天王图》原作没有传下来，存世的作品据说是宋人的摹本。

## 一、临摹过程及操作

首先尽量选择一张质量较好的电子文件图片,图片尺寸要大一点、分辨率要清晰一点。图片的电子文件可以从网络下载或者扫描画册图片。需要注意的是,图片电子文件毕竟不是原作,它的色彩、尺寸、清晰度都与原作不同,图片的质量在拍摄、制作、传播的环节中会有质量的损失。

在 Painter 中打开《送子天王图》电子文件,然后单击菜单栏中的【文件】→【快速克隆】命令,在新弹出的图像窗口中进行临摹。该画布上显示的半透明原图是为了方便描摹而显示的描图纸,画布实际上只是白画布,并没有任何图像(图3-28)。单击新建画布右上角的【切换描图纸】图标 ,关闭描图纸显示,画布上半透明原图将会消失,显示出实际的白色画布。单击菜单栏中的【画布】→【描图纸】命令或者按快捷键【Ctrl+T】,也可以隐藏或显示描图纸。

此时,【颜色】面板中右下角的【克隆颜色】按钮是按下去的状态,【颜色】面板中选择颜色的三角形和圆环呈灰色,不可使用。画笔选择条中的画笔为克隆笔。如果想使用自选的颜色,单击【克隆颜色】按钮,当【颜色】面板中的三角形和圆环

图3-28　快速克隆

图3-29　单击【克隆颜色】图标

变为彩色时，就可以选择颜色绘画了（图3-29）。

　　画笔和画布可以根据需要进行选择和设置，这里选用【铅笔】中的【颗粒覆盖铅笔3】变量和【法国水彩纸纸纹】，模拟毛笔勾勒墨线的效果（图3-30）。

　　使用画笔从头部开始起笔，线条的运笔都遵照原图的笔触进行描绘，一笔不能画准的话，可以按快捷键【Ctrl+Z】返回上一步，重新画，直到画出满意的线条（图3-31）。勾线的过程中可以进行隐藏与显示描图纸的操作，观察勾线效果。为了便于观察勾线的整体效果，可以按【Tab】键，隐去工具箱、工具属性条、画笔选择条、浮动面板，还可以按快捷键【Ctrl+M】使图像窗口满屏显示。

　　如果线条基本满意，但是局部存在瑕疵或者有线条抖动的部分，可以双击工具箱中"主要色"图标，选择白色，然后使用【铅笔】中的【颗粒覆盖铅笔3】变量进行覆盖修正、擦除。观察整体效果时，可以缩小显示画布；画局部细节时，可以放大显示画布（图3-32）。一边画局部的线条，一边观察整体效果，直至完成整个人物的线条临摹练习（图3-33）。

图3-30　画笔与纸纹选择

图3-31　临摹勾线

图3-32　隐去原图，放大显示画面局部

图3-33　《送子天王图》(局部)临摹
　　　　母健弘

55

图3-34　图层透明度调节

## 二、使用图层临摹

　　"快速克隆"的描图纸效果,也可以使用图层来实现。首先选中原图的图像窗口,按快捷键【Ctrl+A】全选原图,然后按快捷键【Ctrl+C】拷贝原图。创建一个新画布文档,按快捷键【Ctrl+V】将原图复制到的新建画布上,在【图层】面板中出现的一个新图层就是拷贝过来的原图。单击该图层,调节图层【不透明度】为"25%"左右,让原图呈半透明状态,就实现了描图纸的效果(图3-34)。在该图层上面再创建一个新图层,进行临摹勾线就可以了(图3-35)。

## 三、存储与反复存储

　　新建的画布要存储为电子文件,放在文件夹中。我们还以《送子天王图》国画线描临摹作为范例,执行【文件】→【存储】命令或者按快捷键【Ctrl+S】,在弹出的对话框中,选择文件要

图3-35　在新建图层上临摹勾线

存储的位置,将文件存储在已经建好的"送子天王图临摹"文件夹中,文件命名后选择文件的格式为Painter默认的RIFF格式,单击【保存】按钮即可。这是常用的存储方法,在绘画过程中,每次进行存储操作都会覆盖上一次存储的文件,只保留最新存储的作品文件。

在绘制的过程中执行菜单栏中的【文件】→【反复存储】命令或者按快捷键【Ctrl+Alt+S】,就能另存一个最新的文件,并将文件自动编号为"送子天王图_001.rif",再画几笔后,执行【反复存储】命令,就会自动编号存储为"送子天王图_002.rif",如此类推。文件夹中标有"bak.rif"的文件是软件自动生成的备份文件,可以删掉(图3-36)。使用"反复存储"工具最大的好处就是,由于各种原因而导致软件意外退出时,如果正在画的文档还没有来得及存储,因软件退出而消失了,用户可以打开最近一次"反复存储"的过程文件继续绘画,而不至于全部重画。因此,为了避免软件的意外退出,除了软件操作要得当之外,还要养成"反复存储"的操作习惯,在绘画的过程中每隔几分钟就要保存过程文件。

需要注意的是,在绘制过程中默认存储的是非压缩的RIFF格式文件,如果在绘制过程中"存储为"PSD、JPEG等其他格式文件后,再次执行【存储】、【存储为】或【反复存储】的命令时,都会默认上一次存储时选择的存储格式,因此存储时要注意文件格式的选择。JPEG等格式是图像压缩格式,压缩后的图片质量略有降低,细节会略有损失。

图3-36 "反复存储"的过程文件

图3-37　数字油画临摹　张雨生

# 任务三　西方传统人物画临摹练习

临摹西方传统绘画的练习是有益的，一方面可以深入学习绘画软件的操作技术；另一方面可以向前人学习，对传统绘画有一个感性的、直观的认识。西方传统人物油画临摹练习要求使用"临"的方法绘制，这要比"摹"的方法难得多，初学者临摹的数字绘画作品暂时达不到原作的艺术效果是非常正常的（图3-37至图3-42）。有关素描、色彩的绘画基础知识会在后面的项目中进行介绍。

下面我们通过一张临摹西方传统绘画的范例，来学习Painter软件的相关内容。将要临摹的是人像油画《穿毛皮大衣的妇人》，该油画是由文艺复兴时期西班牙画家埃尔·格列柯绘制的，创作于1577年至1579年间（图3-43）。

首先创建一张画布。执行菜单栏中的【文件】→【新建】命令，在弹出的对话框中设置画布的宽为11.3厘米、高为15厘米、分辨率为300像素/英寸。在【图层】浮动面板中单击【新建图层】按钮，创建一个普通图层（图3-44）。

图3-38　数字油画临摹　王永静

图3-39　数字油画临摹　詹璇

图3-40　数字油画临摹　李倩雯

图3-41　数字油画临摹　黄圣涵

图3-42　数字油画临摹　吕昕扬

图3-43　《穿毛皮大衣的妇人》油画
埃尔·格列柯　西班牙

图3-44　创建图层

图3-45 "临"的练习方式

与上一个"摹"的范例不同,"临"是将原作图片放在软件界面的左边,把新建的一张画布放在右边,依照原作进行绘画(图3-45)。我们看着左边的原作,通过大脑的分析与判断,用手中的画笔在右边的白画布上重新绘制出一张与原作相同的画面。不得使用"快速克隆"及"使用图层临摹"的方法。这样的练习可以训练我们对空间造型的理解能力,提高绘画造型能力。

绘画的步骤可以大致分为绘画前的设置、起稿、铺色调、深入与调整、细节深入与收尾调整五个步骤。

# 一、绘画前的设置

开始临摹之前要按照前面"任务一绘画前的设置"中介绍的内容,进行软件与硬件的调试与设置。画笔的选择与创建、画布纸纹设置是两个重要的步骤。

## 1. 画笔选择

在这个范例中我们选择了5种画笔类型的8个画笔变量。它们分别是铅笔类的【颗粒覆盖铅笔3】变量、调和笔类的【柔性调和棒形笔20】变量、丙烯笔类的【仿真湿笔刷】变量和【干画笔20】变量、油画笔类的【中型鬃毛油画笔15】变量和【沾染圆笔】变量、照片笔类的【加深】变量和【减淡】变量(图3-46)。

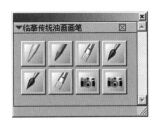

图3-46 使用的画笔类型

将选择的画笔与创建的画笔放到自定义画笔库中，单击菜单栏中的【窗口】→【自定面板】→【面板】命令，在弹出的对话框中将自定义画笔库命名为"临摹传统绘画画笔"。然后单击【输出】按钮，将"临摹传统绘画画笔"画笔库存储为PAL格式文件，方便在绘画过程中随时调取（图3-47）。

**2. 画布纸纹**

画布纸纹可以直接选择模拟油画布的纸纹材质，也可以使用【捕捉纸纹】或【制作纸纹】工具自定义画布纸纹。使用【捕捉纸纹】工具制作纸纹的方法与制作自定义画笔笔尖图案的方法基本一致。

首先打开一张纸纹的图片，按【Shift】键的同时，用【矩形选区工具】拉出一个正方的矩形选区。然后，单击工具箱下方的【纸纹选择】图标，再单击面板右上角的三角按钮，选择【捕捉纸纹】命令（图3-48）。

在弹出的对话框中，命名该纸纹为"临摹油画画布"。【交叉渐淡】选项滑块可以调节纸张纹理单元之间的界线，使纸张纹理单元之间的衔接更加自然，而不会出现明显的边线。单击【确定】按钮，创建的新纸纹就会出现在【纸纹】面板的材质库中了（图3-49）。

在【纸纹】面板中，可以调节【纸纹比例】和【纸纹对比度】数值，设置纸纹纹理的密度和纹理的深浅程度。可以一边调节滑块的数值，一边在画布上使用画笔测试画布纸纹效果，直到满意为止（图3-50）。

最后，完成"笔迹追踪"及"存储布局"的操作之后，就可以开始临摹绘画了。

图3-47　自定义画笔库的命名与存储

图3-48　捕捉纸纹

图3-49　存储纸纹

图3-50　纸纹属性调节测试

## 二、起稿

### 1. 结构理解

起稿前要仔细观察原作，并且正确理解模特的结构与造型。画中模特的头与身体斜侧着，毛皮大衣的边缘轮廓不是非常明确，遮挡了部分人体造型，一只胳膊横在胸前，手扶着毛皮大衣的衣领。

要做到正确理解模特的结构和造型，我们需要掌握人体的基本结构与造型，只有这样才能在平面的画布上画出准确的人体结构与造型，达到与原作"神似"的画面效果。画出模特的结构分析草图是一种有助于理解模特结构的好方法（图3-51）。如果对人体结构烂熟于胸，并且对原作中模特的结构已经理解透彻，就不用画结构分析草图了，可以直接在画布上开始起稿。

在新建的图层中，使用【铅笔】中的【颗粒覆盖铅笔3】变量绘制出人物的大体结构,画出头、身体和手的几大块结构造型。使用的线条没有标准,可以根据个人习惯和喜好运笔,只要能够勾勒出人物的整体结构即可(图3-52)。

　　基本的形体结构勾勒出来之后,可以勾画出头部五官与手的具体结构。绘制的过程与现实中的写生过程是一样的,一边观察临摹对象、一边观察画布上的结构与造型是否准确。视线在原图和画布上快速地来回移动,观察两者的结构与位置关系是否准确一致。

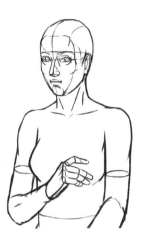

图3-51　结构分析草图

图3-52　画出整体结构

如果出现结构不准确的地方,要及时进行修改、调整。可以使用工具箱中的【擦除工具】 ，擦掉多余的线条。在铅笔与擦除工具的互相配合下完成起稿步骤的绘制(图3-53)。起稿是为了下一步能够准确地使用色彩塑造形体而绘制的草图,因此不必画得过于精细。

### 2. 画布调整

在画的过程中可以使用工具箱中的【图层调整】工具 调整草图的位置。还可以执行菜单栏中的【画布】→【画布大小】命令,调整画面的构图。在弹出的对话框中【添加像素到底部】的空白处输入"100"(图3-54)。单击【确定】按钮后,在画布下方就增加了100像素的高度。如果想裁剪画布,使用工具箱中的【裁剪工具】 ,裁剪画布即可。最终将画面的构图调整到位,使人物在画布上的位置与大小合适。

## 三、铺色调

选择画笔后选取颜色,在线稿基础上铺出基本的色调。画的过程中注意色彩关系与黑白关系的协调。

铺大色调所使用的画笔是【油画笔】中的【中型鬃毛油画笔15】变量。这个画笔变量具有油画笔刷的笔触效果,笔触颜色与画布上的颜色融合得比较自然。先画人物,再画背景;先画深颜色,再画浅颜色。使用大号油画笔,大胆、快速地画出人物的结构块面,将整幅画布铺满颜色。运笔要灵活,笔触要生动自然,切忌机械地、反复地涂抹,失去笔触的灵动感和绘画的感觉,使得画面显得"腻"、死板(图3-55)。

选择颜色的常用方法有三种。

第一种方法是直接吸取原作中的颜色。首先,使用工具箱中的【画笔工具】,或者按快捷键【B】,使光标成为画笔工具状态。然后,长按快捷键【Alt】键,光标变为吸管工具,选取原作中所要吸取的颜色,"主要色"和画笔画出的颜色就变成了刚才吸取的颜色。松开【Alt】键时,光标变回画笔工具状态,就可以直接在画布上绘画了。

这种直接吸取原作中颜色的方法虽然方便、快捷,但不推荐使用。想要提高观察能力、色彩辨别能力和色彩的表现能力,就要在【颜色】面板中选择颜色或者在【混色器】中调和出所需要的颜色。临摹练习的目的不是为了快速地完成临摹作业,而是在临摹的过程中掌握绘画工具、提高绘画水平。

第二种方法是在【颜色】浮动面板中选取颜色。执行菜单栏中的【窗口】→【颜色面板】→【颜色】命令,打开【颜色】浮动面板。在面板中几乎能找到所有想要的颜色。圆环的颜色是色相。等边三角形的左侧垂直边是明度,从上至下是白色到

图3-53　起稿

图3-55　使用大号笔铺颜色(整体与局部)

图3-54　调节画布大小

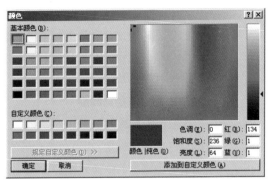

图3-56 Painter【颜色】面板　　图3-57 【颜色】面板

黑色的明度变化；水平方向为纯度。色彩的三要素在色相环和三角形中都得到了体现。直接拖动色相环滑块、单击三角形内的坐标，左下角的"主要色"和工具箱中的"主要色"随之变换，使用画笔画出来的颜色就是选定的颜色（图3-56）。

　　颜色的选取还可以双击工具箱中的"主要色"图标，在弹出的【颜色】面板中选择颜色（图3-57）。面板分为【基本颜色】、【自定义颜色】和"颜色选择区域"三大块，右边的"颜色选择区域"中同样体现了色彩的三要素。矩形的水平方向是不同色相的颜色，矩形的垂直方向是颜色纯度变化，最上边纯度最高，最下边纯度降低为无彩色的灰。最右边长条矩形的垂直方向是颜色的明度，拖动黑色三角形滑块可以调节颜色明度。

图3-58 【混色器】面板的【脏画笔】图标

　　第三种方法是在【混色器】浮动面板中调和颜色。执行【窗口】→【颜色面板】→【混色器】命令，打开【混色器】浮动面板。【混色器】相当于现实中的调色板。在这里调和颜色与选取颜色形象直观、使用便捷。调和颜色时一般要开启调色板的"脏画笔"功能。单击【脏画笔】图标 ，颜色的调和效果更加自然，画笔调和颜色的状态非常接近使用真实的调色板调和颜色的状态（图3-58）。

　　在【混色器】中调和好颜色后，长按【Alt】键，光标变为吸管，同时调色板下面的吸管图标变为选择状态，单击吸取颜色（图3-59）。此时"主要色"的颜色与画笔画出的颜色都变为刚吸取的颜色了。松开【Alt】键时，恢复调和画笔光标。

图3-59 吸取颜色

　　【混合颜色】工具就像现实中的调色刀，使用它可以混合颜色。如果对调出的颜色不满意，可以单击右下角的【清除并重置画布】图标，"清洗"掉调色板上的颜色，重新混色、调色（图3-60）。

## 四、深入与调整

　　深入与调整阶段就是对人像头部、毛皮大衣、手、纱巾等各个部分进行深入刻画，进一步明确各部分的结构和造型。头部和手是整个画面的重点，其中头部五官是整个画面的视觉中

图3-60 【混合颜色】与【清除并重置画布】图标

心,决定了整幅画的成败,五官的位置和大小如果略有不同,人物的气质和表情都会与原作不同。绘画过程中需要反复观察原作与临摹画作的造型是否一致。如果发现造型不准确的问题需要及时修改。

### 1. 画笔选择与调试

画笔的使用没有绝对的标准,因人而异。可以使用一种画笔从开始画到结束,也可以多种画笔相互配合使用。但是,为了绘制出满意的画面效果、发挥数字绘画的优势,一般情况下会使用多种画笔和工具。每个画笔的特征和属性各不相同,只要能画出满意的效果,都可以为我所用。

在这个范例中,深入绘画阶段使用了【丙烯笔】中的【干画笔20】变量、【丙烯笔】中的【仿真湿笔刷】变量和【油画笔】中的【沾染圆笔】变量。调节工具属性条中的【特征】数值可以调节笔刷毛的浓密。数值越大,笔刷毛越少,绘画时没有延迟现象。刻画细节时可以把笔刷毛调密、缩小画笔大小,让笔触清楚具体。【油画笔】中的【沾染圆笔】变量的笔毛密度适中、颜色与画布颜色的融合度较好,能够很好地模拟出油画笔的笔刷效果。

随着画面的逐渐深入,逐渐缩小画笔大小进行描绘,明显的块面结构也逐渐圆滑。依照原作,使用画笔深入刻画头部五官及手部(图3-61)。

经过画笔测试,选择【油画笔】中的【中型鬃毛油画笔15】变量深入刻画毛皮大衣,画出来的笔触比较接近毛发的效果。局部的、清晰的毛发可以使用【油画笔】中的【沾染圆笔】变量,在工具属性条中将【特征】值设置为"3.5"左右(图3-62)。

毛皮大衣是依附在人的身体上的。所以,大的起伏结构要表现出来。同时,大的块面上还会有小的凸凹结构,处理好整体结构与局部结构的层次关系非常重要(图3-63)。

图3-61　五官与手的深入刻画

图3-62　【油画笔】中的【中型鬃毛油画笔15】变量和【油画笔】中的【沾染圆笔】变量,不同画笔大小笔触效果

图3-63　毛皮大衣的深入刻画

### 2. 加深与减淡

绘制过程中可以使用【照片】笔的【加深】与【减淡】两个变量调节画面色彩的深浅，使人物的结构变得明显、明确，增强黑白关系的对比。另外，在工具箱中也有【加深工具】和【减淡工具】，与照片笔的使用效果基本相同。合理有效地使用这两组工具可以快速地将画面的黑白关系调整到位，而无须像现实中的绘画方式那样重新调和颜色、重新画一遍。

在这个范例的绘制过程中，大量地使用了【照片】笔的【加深】与【减淡】变量。例如，调节脸部的暗部和亮部、调节毛皮不同部分的颜色深浅等。

### 3. 图层的使用

图层的使用需要注意几点。首先，Painter的底层画布可以绘画，但不可以删除。因为，Painter软件的设计原则是模拟现实的画布和画笔效果。现实中的画布既不可以删除，也不可能将画布上的颜色与画布分开。因此Painter的画布始终位于图层的底层，不可以解锁或删除。这一点与Photoshop的画布图层不同，双击Photoshop的画布图层就能解锁，进行绘画或删除。其次，在Painter中绘画，要减少图层的使用，每个绘画阶段完成后及时进行合层。这样可以减少软件运算的时间，避免在画面中出现乱码的现象。在这个范例中，起稿、铺色调、深入与调整几个步骤都是在不同的图层中绘制的。画面效果满意后，将所有图层合并到画布上。然后创建一个新图层进行下一个步骤的绘制（图3-64）。如果不满意，修改该图层上的内容即可，不会影响到其他图层上的画面内容。在这里，建议经常执行"反复存储"命令，按快捷键【Ctrl+Alt+S】备份过程文件。

### 4. 去掉画笔的"白头"

在绘画过程中，会遇到笔触出现"白头"的现象。这是因为在新建图层中绘画时，画笔会默认下层画布为白色，就出现了从白色到画笔颜色的过渡，出现"白头"现象。解决的办法很简单，勾选【图层】浮动面板上【从下层采集颜色】选项即可。在新图层中画出的笔触如同画在同一图层上一样，画笔的"白头"现象就消失了（图3-65、图3-66）。

### 5. 画布翻转

临摹练习的绘画时间较长，如果一直画下去，不休息，观察力就会变得不如刚开始画的时候敏感。因此，为了便于观察画面的效果我们可以使用翻转画布的方

图3-64 合层后创建一个新图层，进行头部细节深入刻画

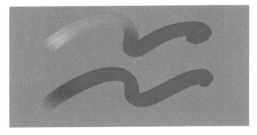

图3-65 未勾选【从下层采集颜色】选项画出的笔触（上）、勾选后画出的笔触（下）

图3-66 勾选【从下层采集颜色】选项

65

图3-67　画面水平翻转

法，变换新的角度来观察画面的色彩与黑白关系是否和谐统一、准确。

执行菜单栏中的【画布】→【旋转画布】→【水平翻转】命令（图3-67）或【画布】→【旋转画布】→【垂直翻转】命令，可以实现整体画布的翻转。如果只翻转选择的当前图层，则执行菜单栏中的【编辑】→【水平翻转】命令或【编辑】→【垂直翻转】命令即可。

### 6. 自由变换

深入绘画的过程就是不断调整比例结构的过程，谁都不可能保证每一笔都能画准、画对。因此在绘画过程中会发现某些局部的大小比例、位置与结构不准确，需要进行局部调整，甚至重新绘制该部分画面。

图3-68　原位复制眼睛

经过观察发现，临摹作品中人像的眼睛略大于原作，右眼的位置偏右，需要微调。我们可以使用套索工具和自由变换工具，两者相互配合进行调整。

首先用工具箱中的【套索工具】选取眼睛，然后按快捷键【Ctrl+C】复制选区内的部分，按快捷键【Ctrl+V】原位复制为一个新的图层（图3-68），这样仅对复制出来的眼睛图层进行变形，而不会破坏下面图层中已经画好的画面。最后使用【自由变换】工具进行变形调节。调取【自由变换】工具的常用方法有三种。第一种方法是单击菜单栏中的【编辑】→【自由变换】命令；第二种方法是按快捷键【Ctrl+Alt+T】；第三种方法是长按工具箱中的【图层调整】工具 出现【变形工具】，再单击【变形工具】图标。使用这三种方法都会出现【自由变换】的8个控制点，移动任意一个控制点都可以进行变形处理。在这个范例中，单击右边中间的方形控制点向左微调眼睛宽度，调整好之后，按回车键完成变形操作（图3-69）。

图3-69　使用【自由变换】工具微调眼睛大小

使用自由变换工具不仅可以对画面的局部进行微调，还可以进行大面积的调整，例如将头部放大、缩小或旋转等。调取【自由变换】命令，出现8个控制点。长按【Ctrl】键的同时把光标放在四个角的圆形控制点上，光标变成旋转图标后可以进行旋转操作；光标放在四边中心位置的方形控制点上，光标变成变形图标后可以进行挤压、拉伸变形操作。长按【Alt】键的同时，将光标放在四个角的圆形控制点上可以调节圆形控制点的位置，使图形变形。Photoshop的"自由变换"快捷键为【Ctrl+T】，该命令的功能与Painter的"自由变换"功能相同。

使用画笔修饰一下变形后的边缘，让过渡自然，去掉调节的痕迹。满意后将"眼睛"图层与下层画面合层（图3-70）。

## 五、细节深入与收尾调整

使用油画笔、丙烯笔及调和笔（图3-71）对人物的头部、手和纱巾进行深入地刻画。画笔与调和笔的配合使用，使颜色的过渡与融合更加自然（图3-72）。

我们对画面中手的大小和位置进行了微调。先使用【套索工具】选择手部，然后进行原位复制。再使用【自由变换】工具将手部调整为合适的大小，最后使用工具箱中的【图层调整】工具把手向下移动到合适的位置（图3-73）。

绘画过程是一遍遍地进行描绘的，画面各部分整体推进。将画面整体地画过一遍后，再进行下一遍的深入绘画。细节深入与调整阶段会耗费很长的时间，推敲各部分的关系是否和谐，最终达到满意的画面效果，完成这张临摹练习（图3-74）。

图3-70　修饰边缘并合层

图3-71　【调和笔】中的【柔性调和棒笔20】变量

图3-72　深入刻画头部和纱巾

图3-73　手的微调与深入刻画

图3-74　数字油画临摹　母健弘

图3-75 电影《可可西里》片名字体设计
母健弘

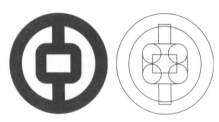

图3-76 银行标志及图形制作分析图

图3-77 置入标志

图3-78 矢量图形工具

矢量图形图层图标
普通图层图标

图3-79 图层属性

# 任务四 矢量图形制作练习

矢量图形软件和矢量图形工具可以用于制作企业的视觉识别系统、字体设计、版面设计、卡通设计等工作(图3-75)。数字绘画会使用到矢量图形,矢量图形也可以成为一种绘画形式。因此,掌握矢量图形制作非常必要。

## 一、矢量标志制作

标志属于CI视觉识别系统。标志的图形设计比较复杂,标志中的线条、弧线以及颜色都经过了精心设计,有着精确的数值规范、有着严格的制作和使用标准。一般会专门使用矢量图形软件进行设计制作,如Illustrator、CorelDRAW、FreeHand等。我们进行矢量标志制作练习的重点是掌握Painter软件中矢量图形工具的基本使用技巧,使用矢量图形工具制作出大体效果即可,不必严格苛求。在Painter软件的工具箱里有矢量图形工具,还有菜单栏中的【矢量图形】模块,两部分配合使用可以绘制出任何矢量图形。Painter和Photoshop软件中的矢量图形工具使用方法基本相同,需要经过练习才能逐渐掌握。下面我们使用矢量图形工具制作一个银行标志。

在开始制作前要想好标志由几部分组成,如何使用矢量图形进行组合。可以画出图形制作的分析图,然后再开始具体的制作(图3-76)。

### 1. 画布设置

创建一张15厘米宽、15厘米高、分辨率为300像素/英寸的画布。然后,将银行标志的图片素材置入到画布中,调节合适的大小后,将该图层的【不透明度】设置为"20%"左右,作为我们制作矢量图形的参考(图3-77)。

### 2. 矢量图形工具

在工具箱中共有4个矢量图形工具,分别是【钢笔工具】、【矩形形状工具】、【文字工具】、【矢量图形选择区】工具(图3-78)。

长按【矩形形状工具】图标,会弹出隐藏的其他工具。选择【圆形形状工具】,按住快捷键【Shift】的同时,在画布上单击并拖动光标,画一个正圆图形。这时,在【图层】面板中自动创建了一个形状图层,图层右边的小图标标明了图层的属性(图3-79)。

### 3. 设置形状属性

双击【图层】面板中的矢量图形图层,在弹出的【设置形状属性】面板中,可以根据需要对矢量图形的属性进行调节。矢量图形的属性可以在工具属性条中直接进行设置，也可以单击菜单栏中的【矢量图形】→【设置形状属性】命令，在弹出的对话框中设置形状属性。取消【填充】前面的勾选，将实心圆改为单线圆圈（图3-80）。

调节矢量圆形与下层的标志图匹配（图3-81）。单击工具箱中的【图层调整】工具后，在圆圈的四周会出现8个控制点，可以对图形进行缩放、变形、旋转等操作，操作方法与【自由变形】的使用方法相同，快捷键的使用也相同。

### 4. 制作复合路径

使用相同的方法再做出内边圆圈。然后在【设置形状属性】对话框中将大圆形属性中的【填充】颜色改为标志的红颜色。再按【Shift】键将图层中的两个圆圈图层同时选中（图3-82）。

执行菜单栏中【矢量图形】→【制作复合路径】命令后，小圆与大圆相叠加的部分就变成了镂空状态。双击该图层，在【设置形状属性】对话框中取消【笔触】前面的勾选，隐去圆环的黑色边线（图3-83）。

### 5. 弧线与钢笔工具

在银行标志中间，方框的四个角是有弧度的，可以用圆形的一部分制作。下面介绍一下通过编辑矢量图形节点，制作弧线的几种方法。

第一种方法是直接截取圆形的弧度部分。长按工具箱的【矢量图形选择区】工具，在弹出的工具组中选择相关工具。也可以直接在工具属性条中选择相关工具。使用【添加节点】工具增加节点，然后用【移除节点】工具删除多余节点，最后使用【转换节点】工具，调节控制手柄进行图形调整（图3-84）。使用同样方法将其他三个圆形也做成半圆形。也可以使用拷贝的方法制作。复制已经做好的半圆形后，进行粘贴、旋转操作，并移动到准确的位置。

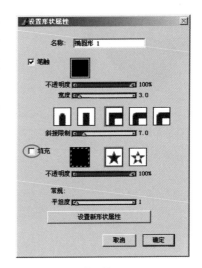

图3-80 设置形状属性

图3-81 矢量图形调整

图3-82 同时选择两个矢量图形图层

图3-83 镂空圆环

图3-84 截取半圆

第二种方法是使用【剪刀工具】切断边线,删掉多余节点,然后使用工具箱中的【钢笔工具】将弧线封闭为半圆图形,这种方法与第一种方法制作出来的图形完全相同。

第三种方法就是参照放在底层的半透明标志图层,直接使用工具箱里的【钢笔工具】徒手勾线。这是最简单、最快捷的方法,但弧线不够精确。使用【钢笔工具】单击画布并拖动光标,可以在画出弧线的同时,调节节点的控制手柄,从而调节线条弧度(图3-85)。【钢笔工具】和节点控制手柄的使用技巧需要经过练习,才能达到熟练运用的状态。

如果想去掉手柄的控制,直接画出直线的话,只需再次单击该红色节点即可,该节点的控制手柄随即消失,任意单击出一个新节点,不进行拖动,即可画出直线(图3-86)。

如果想调节已经画好的弧线,用【矢量图形选择区】工具圈选节点。选中的节点变为红色,节点两侧的控制手柄也都显示出来了(图3-87)。此时,可以移动选中节点或者调节控制手柄,调节弧线位置。调节控制手柄时,节点两侧的手柄会呈直线,同时移动。如果想单独调整一侧的控制手柄,使用【转换节点】工具即可(图3-88)。

勾好四个角的半圆后,继续制作标志中间的镂空图形。用【钢笔工具】勾出一个红色多边形和一个白色矩形,然后制作复合路径(图3-89),制作方法与前面圆环的制作方法相同。

制作两个等宽的矩形,分别放在中间方框的上面和下面

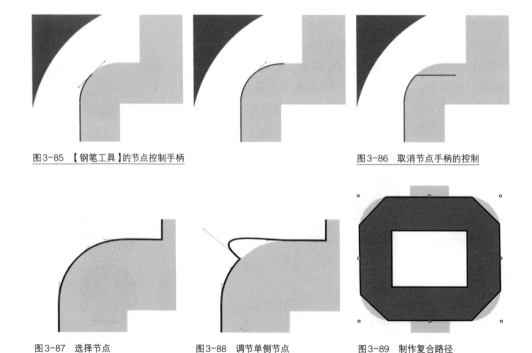

图3-85　【钢笔工具】的节点控制手柄　　　　　　　　　　图3-86　取消节点手柄的控制

图3-87　选择节点　　　　　　图3-88　调节单侧节点　　　　　　图3-89　制作复合路径

（图3-90）。

最后，使用【设置形状属性】对话框，取消【笔触】前面的勾选，隐去所有图形的黑色边线。在底层画布上画上颜色，查看镂空的最终效果，银行标志就制作完成了（图3-91）。

## 二、卡通角色的勾线与上色

如果想在Painter、Photoshop、SAI这类位图软件中，用画笔工具一笔画出完美的线条，不是一件容易的事情，需要一边画一边对线条进行修饰。使用Painter和Photoshop工具箱中的【钢笔工具】可以勾勒出平滑的矢量线条，但这个线条不是一笔画出来的，而是用钢笔工具双勾出来的矢量线条。

下面通过一个范例来介绍使用Painter工具箱的【钢笔工具】勾线及上色的基本方法。比较简单的卡通角色可以使用工具箱里的【钢笔工具】勾线，但对于复杂的矢量图形，建议使用矢量图软件制作。

### 1. 画草图

在画笔选择条里选择【钢笔】中的【圆头尖笔20】变量，画草图（图3-92）。在【图层】面板中创建一个新图层，在新图层上画一个卡通狮子的草图。画好草图后，将草图图层的【不透明度】调为"20%"左右（图3-93）。

### 2. 勾线

使用工具箱中的【钢笔工具】和【节点变换工具】勾线。两个工具互相配合，依照草图双勾出封闭的线条，每个线条就是一个单独的矢量图形，会自动形成一个单独的矢量图形图层（图3-94）。

### 3. 属性调节

逐一打开这些矢量图形的【设置形状属性】面板，将【笔触】前面的勾选取消，然后将【填充】的颜色选择为"黑色"（图3-95）。

图3-90　添加两个矩形

图3-91　标志制作完成

图3-92　【钢笔】中的【圆头尖笔20】变量

图3-93　在新建的图层中绘制草图

图3-94　使用【钢笔工具】勾线

图3-95 属性调节

### 4. 合并图层

将矢量图形图层转换成普通图层。先选中矢量图形图层,然后单击菜单栏中的【矢量图形】→【转换为普通图层】命令,就可以把矢量图形图层转换为普通图层。按此方法将所有矢量图形图层转换为普通图层,并合并为一个普通图层。

快速将全部矢量图形图层合并为一个普通图层的方法是,长按【Shift】键,逐一单击所有矢量图形图层。全选后,单击【图层】面板左下角【图层命令】图标,选择【折叠】命令,在弹出的对话框中单击【提交全部】按钮。那么,选中的矢量图形图层会自动合并为一个普通图层(图3-96)。将该图层命名为"线条"。

其他比较随意的线条使用【钢笔】中的【圆头尖笔20】变量直接勾勒即可,完成勾线(图3-97)。

### 5. 填颜色

上色的方法有很多种,可以使用工具箱中的【钢笔工具】沿着角色外边线勾出矢量图形色块,也可以使用【画笔工具】上色。在这个例子里使用了【钢笔】中的【圆头尖笔20】上色。这个画笔的边缘清楚、有笔触感。Photoshop中的【硬度】为"100"的画笔也能画出相同的效果。

先创建一个新图层,并命名为"底色",用【钢笔】中的【圆头尖笔20】变量涂满底色。然后单击"线条"图层,使用工具箱中的【魔棒工具】单击狮子外边线以外任意一点,这时选区为角色边线以外的区域。选择之前注意线条要封闭,否则选区会选到角色中去,形成多选现象。为了让黑线条压住底色色块,执行菜单栏中的【选择】→【修改】→【扩展】命令,将选区扩张3至5个像素(图3-98)。

—— 自动转化为普通图层

图3-96 合并图层

图3-97 勾线完成

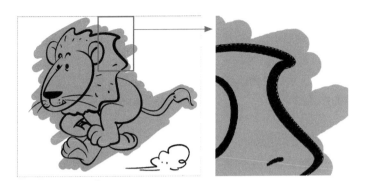

图3-98　选择边线以外的区域并扩展选区

单击"底色"图层,按【←】键删除多余的颜色,底色就完成了(图3-99)。

创建一个普通图层,将图层命名为"红色毛发"。用画笔画出狮子鬣毛和尾巴的底色。可以使用上面的方法,也可以使用画笔直接绘制,注意不要画到线条之外(图3-100)。

### 6. 使用【保持透明度】功能上色

先将图层中的"线条"图层隐去,下层就是画有狮子鬣毛和尾巴的"红色毛发"图层。用深红色画笔画出毛发阴影效果。画之前将【图层】面板中的【保持透明度】选项勾选,锁定绘画范围。这样,就只能画在红色鬣毛的颜色范围内,不会画出颜色范围(图3-101)。在Photoshop【图层】面板中使用【锁定透明像素】按钮或【创建剪贴蒙版】命令也可实现类似效果。

如果不勾选【保持透明度】选项,绘画范围不受限制,就会画出红色块范围(图3-102)。

使用这种方法在"底色"图层上画出狮子身体上的阴影。画背景时,将【钢笔】中的【圆头尖笔20】变量的【不透明度】画笔属性调整为"50%"左右,这样可以画出半透明的线条。

图3-99　底色完成

图3-100　为鬣毛和尾巴填底色

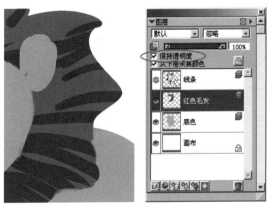

图3-101　勾选【保持透明度】锁定绘画范围

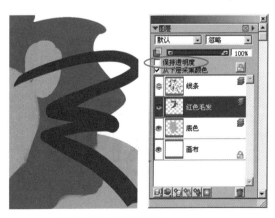

图3-102　未勾选【保持透明度】的情况

最后，调整线条颜色。选择"线条"图层后勾选【保持透明度】，然后选择"主要色"的颜色。按【Ctrl+A】全选画面后，用工具箱中的【油漆桶工具】单击画布任意一点，填充全部线条颜色。用白色画笔点出眼睛与鼻子的高光，这张图就完成了（图3-103）。

## 三、变形处理

下面这张插画的胸前有一个由字母和两个横线组成的图案（图3-104），如何将画好的图案画面与衣服的结构融为一体呢？这就需要使用到变形工具。在前面的项目中已经介绍过"自由变换"的操作方法（详见项目三任务三深入与调整中的"6.自由变换"）及矢量图形的变形操作方法（详见项目三任务四中的矢量标志制作），在下面这个范例中，将会用到多种变形处理的方法和技巧，来实现满意的变形效果。这些变形处理方法不仅可以用来处理图形图案，还可以用来处理人像、风景等照片。

### 1. 制作文字及图形

在Painter中创建一张画布，使用【矩形形状工具】画出两个扁的矩形，然后单击工具箱中的【文字工具】（图3-105），在画布上任意单击，【图层】面板中会自动形成一个文字图层，输入文字"RMB"，在工具属性条中可以调节字体颜色、大小、对齐方式等文字属性，选择字体为"Tahoma Bold"字体。使用工具箱中的【图层调整】工具，将矩形条和文字调整为合适的大小（图3-106）。

### 2. 自由变形

将文字图层和矢量图形图层合并为一层普通图层。然后将该图层拷贝到已画好的画面中，按【自由变换】命令的快捷键【Ctrl+Alt+T】，进行形状的初步调整（图3-107）。

图3-103　卡通狮子　母健弘

图3-104　插画　母健弘

图3-105　文字工具

图3-106　输入文字、调整位置

图3-107　变形处理

### 3. 使用变形工具调节

先把画布的【纸纹】面板打开，将【基本纸纹】的【纸纹对比度】设置为"0%"。然后。在Painter中选择【扭曲变形画笔】中的【颗粒扭曲10】变量（图3-108），依据衣服的结构和起伏对图案进行调节，要让图案文字贴合于衣服表面，让文字的变形自然。

将图案变形调整完毕后，在图层的【混合方式】选项中选择"正片叠底"，让图案透明，透出下面图层中衣服的线条和笔触，使得图案效果更加自然。图案被头发遮挡的部分用擦除工具擦掉，完成最终效果（图3-109）。

另外，在Photoshop中也可以使用"液化"滤镜进行变形调节，效果要比Painter【扭曲变形画笔】的效果更细腻，变形的效果更容易控制。首先，在Photoshop中建立一张画布，将图案置入画布中，使用【矩形选框工具】选择要变形的图形。然后，单击菜单栏中的【滤镜】→【液化】命令，打开【液化】滤镜面板。

选择左边工具条的【向前变形工具】，调节右边【工具选项】中【画笔大小】滑块，增加画笔大小，然后就可以调整面板中的图形了。满意后单击【确定】按钮，执行滤镜变形（图3-110）。

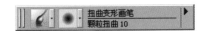

图3-108 【扭曲变形画笔】中的【颗粒扭曲10】变量

图3-109 最终调节效果

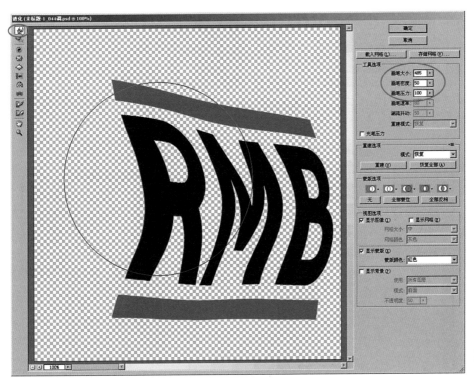

图3-110 Photoshop
【液化】滤镜面板

## 任务五　材质库与图案喷图练习

　　Painter所有的浮动面板，都可以在菜单栏中【窗口】的子菜单中找到。单击菜单栏中的【窗口】→【材质库面板】命令，在弹出的面板中有【渐变】、【图案】、【纸纹】、【织物】4个命令，单击任一命令打开该命令的材质库面板（图3-111）。

　　在工具箱的底部也可以找到材质库的【渐变选择】、【图案选择】、【纸纹选择】、【织物选择】4个快捷图标（图3-112）。

　　【纸纹】在前面的项目中已经讲过。与【纸纹】一样，单击工具箱中的【渐变选择】、【图案选择】、【织物选择】快捷图标都会弹出相关的材质库，单击材质库面板右上角的三角图标会弹出选项面板，可以进行"启动面板"、"编辑"、"存储"等操作（图3-113）。

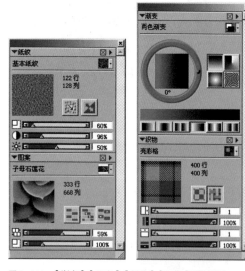

纸纹选择———　　　———渐变选择
图案选择———　　　———织物选择

图3-111　【渐变】、【图案】、【纸纹】、【织物】浮动面板　　　图3-112　工具箱中的材质库快捷图标

图3-113　【渐变】材质库、【图案】材质库、【织物】材质库

初学者需要测试所有材质和选项,了解各类材质的使用效果。

　　材质库中的材质要与工具箱中的工具和画笔选择条中的画笔配合使用。工具箱的工具和画笔属性中如果有"渐变"、"织物"和"图案"的调节选项,说明该工具可以使用材质库中的选项。如果工具属性中没有这些调节选项,则说明该工具没有此项属性,不能使用材质库中的材质。

## 一、添加渐变与织物

　　在下面的漫画练习中,将使用渐变材质与织物材质为画面添加渐变与织物效果。

### 1. 编辑渐变

　　画好线稿、铺好颜色后,使用渐变材质填充背景。单击工具箱中的【油漆桶工具】图标,可以看到它的工具属性条中【填充】选项中有"当前颜色"、"渐变"、"源图像"、"织物"4个选项。选择【渐变】选项,然后单击【填充】选项右边的【选择填充颜色】图标,可以看到弹出的材质库与工具箱中弹出的材质库完全相同。选择【两色渐变】材质(图3-114)。

　　【两色渐变】材质中的颜色可以更改,就是改变工具箱的"主要色"和"次要色"的颜色。双击"主要色"或者"次要色"快捷图标,分别选择一个新颜色,即可重新选定"两色渐变"的颜色(图3-115)。

　　执行菜单栏中的【窗口】→【材质库面板】→【渐变】命令,可打开【渐变】面板。单击右上角的小三角形,在面板中选择【编辑渐变】。在弹出的对话框中单击"渐变颜色条",会出现三角形调节滑块,拖动滑块即可编辑渐变(图3-116)。如果想改变滑块位置颜色的话,在三角形滑块被选择的情况下直接在【颜色】面板中选择一个新颜色,"主要色"和三角形滑块位置的颜色随即改变。单击【编辑渐变】对话框中的【确定】按钮后,就可以使用【油漆桶工具】填充渐变了。

### 2. 填充渐变

　　创建一个普通图层,使用【油漆桶工具】单击画面,填上背景渐变色(图3-117)。另外,还可以尝试使用大号的喷笔喷出类似的渐变效果。

图3-114　油漆桶工具属性设置

图3-115　设置"两色渐变"颜色

图3-116　编辑渐变

### 3. 颜色调整

在范例的绘制过程中需要随时对画面的整体与局部进行颜色调节。执行Painter菜单栏中的【效果】→【色调控制】→【调整颜色】命令,可以调节背景渐变的颜色(图3-118)。

### 4. 添加织物

下面为图像添加织物材质。选择【油漆桶工具】后,将工具属性条中的【填充】选择为"织物"。单击工具箱中的【织物选择】快捷图标,选择【格子呢】材质(图3-119)。

创建一个普通图层,命名为"格子呢"。在这个新图层上先建立选区,再为角色外衣添加织物纹理。人物上色的时候,上衣颜色是在"外衣"图层上色的(图3-120)。因此,我们首先选择"外衣"图层的选取范围。长按【Ctrl】键,单击"外衣"图层即可建立外衣的选区。这个选区是依据图像像素的边缘形成的选区,选区边缘会受像素点的影响不够平滑。

用矢量图形工具也可以建立选区。使用工具箱中的【钢笔工具】沿着上衣外边线勾出矢量图形,矢量图形可以编辑、调整

图3-117　填充渐变背景

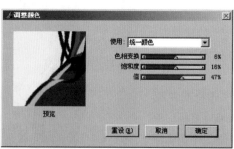

图3-118　调节背景渐变颜色

图3-119　选择【织物】材质

图3-120　添加织物与调整

出非常精确的选区范围,然后单击菜单栏中的【矢量图形】→【转换为选区】命令,将矢量图形转换为选区。

建立选区后,单击"格子呢"图层,用【油漆桶工具】在选区范围内单击,填充织物材质。然后将织物图层的【混合方式】选择为"柔光",将图层【不透明度】调整为"83%"左右,这样就可以透出衣服的颜色与褶皱(图3-120)。

使用同样的方法,为围巾部分添加【缎子方点】织物材质。首先,要在【织物】浮动面板中调节织物点的比例和大小数值(图3-121),设置好后为围巾添加织物材质。

### 5. 完善画面

最后对细节进行微调,在背景添加了亮点,完成画面(图3-122)。

【渐变】、【织物】材质库中的默认材质数量有限,我们可以对默认材质进行编辑或自定义新的材质。注意【织物】材质的效果略显生硬,在绘画创作中要使用得当。

## 二、图案画笔

### 1. 选择画笔

选择【图案画笔】中的【蒙版图案笔】变量(图3-123)。

### 2. 图案与外观选择

选择好画笔变量后,再选择工具箱底部【图案】或【外观】材质库中的图案材质,就可以画出图案(图3-124)。需要注意的一点是,选择【外观】材质库中的材质时,画笔会随之改变,除了【图案画笔】,还会出现【图案喷管笔】、【特效笔】、【克隆笔】等画笔。

### 3. 测试练习

Painter的【外观】和【图案】材质库里预置了一些图案的材质,都是一些具象的图案,例如,"丛林葡萄藤"、"树枝"、"莲花瓣"等。使用【图案画笔】中的【蒙版图案笔】变量逐一测试【图案】和【外观】材质的绘画效果(图3-125)。另外,【图案

图3-121　在【织物】面板设置【缎子方点】属性值

图3-122　人物漫画　母健弘

图3-123　图案画笔

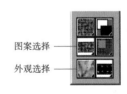

图案选择 ——
外观选择 ——

图3-124　【图案选择】与【外观选择】的快捷图标

图3-125　测试图案画笔效果

画笔】的不同变量使用同一个图案材质也会画出不同的笔触效果，需要逐一测试画笔效果。

选择【外观】材质时，画笔会随着【外观】材质的变化而改变。例如，选择【月桂树叶喷雾】材质时，画笔选择条中的画笔变为【图像喷管画笔】；选择【丛林霓虹】材质时，画笔选择条中的画笔变为【特效笔】；选择【毛皮树枝】材质时，画笔选择条中的画笔变为【克隆笔】等。下面这张练习就使用了【外观】材质库中的【毛皮树枝】材质及【克隆笔】，绘制了松树枝的效果（图3-126）。

需要注意的是，使用这些图案材质画出来的效果缺少手绘的笔触感，略显生硬，不够自然。在绘画时根据实际需要决定是否使用这些默认图案材质。

## 三、图像喷管

在画笔选择条中找到【图像喷管】画笔，它可以使用【外观】和【喷图】材质库中的材质（图3-127）。【喷图选择】的快捷图标在工具箱的右下角（图3-128）。

选择合适的画笔变量后再选择【喷图】材质库中的材质，就可以绘画了。图像喷管画笔适合画那些数量多、可以重复出现的事物，下面这张练习如使用图像喷管画笔便可以在一两分钟内快速完成（图3-129）。

首先，用【喷笔】"喷"出天空。然后选择【图像喷管】画笔，再选择【喷图】材质里的【燕子】、【绿色草束】材质画出燕子和草地，燕子和草束的大小取决于画笔大小和使用压感笔的压感大小。最后，用【照片】笔中的【模糊】变量将远处的草和燕子作模糊处理。

下面我们重点学习一下"自定义喷图"的制作方法。

图3-126 【外观】材质库的【毛皮树枝】材质测试效果

图3-127 【图像喷管】画笔及其变量

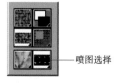

喷图选择

图3-128 【喷图选择】快捷图标

图3-129 测试【图像喷管】画笔

图3-130　分层绘制喷图元素

### 1. 在图层中分别绘制喷图元素

创建一张宽度和高度均为5厘米、分辨率为300像素/英寸的正方形画布。选择【钢笔】中的【芦苇秆画笔15】变量,在新建的图层中分别画上不同的图案,这些图案就是喷图元素。为了区分不同图层中的喷图元素,在图层上分别画上数字加以区分,注意不要画在最底层的画布上(图3-130)。

### 2. 群组

在图层中,按【Shift】单击画上喷图元素的四个图层,将四个图层全选。然后按快捷键【Ctrl+G】将四个图层群组(图3-131)。还可以单击【图层】面板左下角的【图层命令】图标,在弹出的面板中执行【群组】命令。

### 3. 自群组制作喷图

单击工具箱中的【喷图选择】快捷图标,再单击材质库面板右上角的小三角按钮,然后选择【自群组制作喷图】命令,会自动弹出一个RIFF格式文件,画布上展开显示了各图层上的喷图元素(图3-132)。

### 4. 另存为RIFF格式文件

按【存储为】的快捷键【Ctrl+Shift+S】,在弹出的对话框中将该RIFF文件命名为"新喷图.RIF",另存在能够找到存储位置的文件夹内。

图3-131　群组图层

图3-132　自群组制作喷图

图3-133　加载喷图

图3-134　添加喷图到材质库

## 5. 加载喷图

单击工具箱中的【喷图选择】快捷图标，再单击材质库面板右上角的小三角按钮，然后选择【加载喷图】命令（图3-133）。在弹出的对话框中，找到文件夹中的"新喷图.RIF"文件，点选该文件后打开，该喷图材质就加载好了。

## 6. 添加喷图到材质库

继续单击【添加喷图到材质库】命令，在弹出的【存储喷图】对话框中单击【确定】按钮，将"新喷图"材质置入到材质库中去（图3-134）。

## 7. 选择材质进行绘画

先选择【图像喷管】画笔，然后在材质库中选择【新喷图.RIF】材质（图3-135），接下来测试一下新建喷图材质的效果。

创建一张新画布，使用【图像喷管】画笔绘制一张抽象风格的作品（图3-136）。还可以选择【图像喷管】的其他画笔变量，并调整一下工具属性条中的属性值，尝试能否画出新的喷图效果。

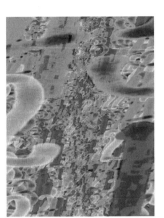

图3-135 选择【新喷图.RIF】材质　图3-136 测试新喷图材质效果

作业

1. 课堂练习

制作出与绘画范例相同的画面效果（有一定绘画基础的学生可以创作新的画面效果），掌握数字绘画基础操作技巧。练习矢量图形制作、卡通角色的勾线与上色、变形处理、添加渐变与织物、图案画笔、图像喷管等内容。

2. 画两张人物画临摹练习

从收集的图片资料中选择两张人物绘画作品进行临摹练习，一张中国画作品、一张西方传统绘画作品。注意不要选择数字绘画作品，不要使用"快速克隆"功能。原作图片的分辨率要尽量大，尽量清晰。如果原作的画幅较大、画面内容较多，可以裁剪出画面局部进行临摹，但是构图要相对完整，有一定的工作量。

临摹练习的画布与分辨率不要设置过大，否则会影响软件运算速度，造成软件意外退出。将画布尺寸的宽或高设置为15厘米以内，分辨率为300 dpi即可。注意在绘制过程中要执行"反复存储"命令，保存过程文件。要求在一周内完成，下次上课进行作业观摩与讲评。

# 项目四 图像处理技术

● **项目提要**

　　本项目主要讲述图像处理的技术与操作,包括修图、抠图、色彩调节、照片绘画效果处理、添加纹理、特效制作等内容。

● **关键词**

　　修图;抠图;图层蒙版;通道;颜色调节;纹理;滤镜;自动绘画

图像的含义很广，本项目所涉及的图像是指拍摄的照片、数字绘画作品、扫描的图片等静止的、单张的图片，还包括那些使用软件拼贴、制作、调整出来的图像。图像处理技术属于图像后期处理环节，它是数字绘画的重要内容之一。本项目将介绍修图、抠取图像、色彩调节、添加纹理、特效制作等常用图像处理技术，非常实用。一方面，这些技术能够修饰调整照片与数字绘画作品，提升画面效果，让色彩更加丰富、图片更加漂亮；另一方面，我们在进行数字绘画创作的过程中也会经常使用到这些操作技术，大大地节省了绘画时间。

在20世纪90年代末以前，照相机都需要安装胶卷，拍摄完的胶卷会冲洗成照片或者做成正片。然后用扫描仪或电分机将照片或者正片扫描为电子文件，输入电脑。经过了这些环节，照片的质量会有一定的损失，就需要对图像文件进行调节与处理。后来，随着数码相机的普及，逐渐替代了传统相机，数码相机可以直接拍摄出来数字图像，可以直接输入电脑进行图像处理。传统相机逐渐停产、消失，胶卷行业迅速衰落了，冲印店也淡出了人们的视野。在今天，数码相机、智能手机、平板电脑等设备都可以拍出像素较高的数字图像，但是依然需要依靠图像处理技术对图像进行修饰、美化。目前，Photoshop的使用比较普遍，"PS"几乎成为图像处理技术的代名词。

Photoshop和Painter软件中图像处理模块和功能基本一致。Photoshop的强项和特点就是图像处理功能，这方面要比Painter更丰富、更专业。而Painter的强项和特色是对绘画效果的模拟，拥有强大的画笔功能。因此，本项目会同时兼顾两个软件进行讲述。

## 任务一　修图

各种媒体上都充斥着大量的图片，这些图片的来源各不相同。有的来源于相机拍摄或者翻拍，有的来源于扫描图片资料，有的来源于网络资源，有的是用数字绘画软件绘制的。使用这些图片之前，首先要检查图片，然后使用"修图"、"颜色调节"等基本的图像处理方法调节图片。

## 一、修饰

　　Painter工具箱中的【橡皮图章工具】和Photoshop工具箱中的【仿制图章工具】功能相同、使用方法相同（图4-1、图4-2）。常用于修饰掉图片中多余的斑点、光影、污点，也常用于美化人脸，修饰掉脸上的斑点、粉刺、瘢痕等瑕疵。修饰瑕疵的方法就是使用该工具拷贝瑕疵旁边的区域覆盖掉瑕疵。

　　下面做一个修饰照片练习。这张照片上有一个杂点和杂线，要使用Painter的【橡皮图章工具】进行修饰。选择【橡皮图章工具】后，按【Alt】键，光标变成十字光标，单击瑕疵附近的完好区域作为克隆源。这时，会出现一个绿色的克隆源图标。选择好克隆源位置后，使用【橡皮图章工具】一笔笔覆盖杂点和杂线，【橡皮图章工具】使用的像素就是克隆源位置的像素（图4-3）。

　　【橡皮图章工具】与克隆源之间的距离和位置是固定不变的。如果想改变克隆源位置，再次按【Alt】键，单击其他位置更换克隆源即可。使用这个方法，把瑕疵慢慢修饰掉。

　　修图的时候，一方面要注意脸部的结构、光影以及纹理的问题，修图也需要一定的造型基础。另一方面，【橡皮图章工具】的画笔不要太大，避免反复覆盖修饰后出现的纹理模糊现象。画笔的【不透明度】设置一般为"80%"左右，【不透明度】太低将无法覆盖住杂点；【不透明度】太高就会出现比较清楚的修饰痕迹。总之，最终要达到将瑕疵修掉的同时，没有留下修饰痕迹的自然效果（图4-4）。

图4-1　Painter的【橡皮图章工具】和
　　　　【克隆工具】

图4-2　Photoshop的【仿制图章工具】与
　　　　【图案图章工具】

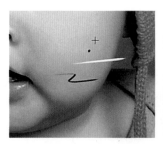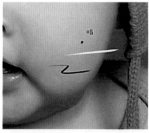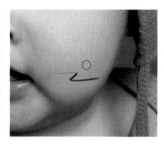

图4-3　选择克隆源
　　　　位　置、使　用
　　　　【橡皮图章
　　　　工具】修掉
　　　　杂点与杂线

图4-4　图片修饰前
　　　　后效果对比

## 二、模糊与锐化

使用扫描的印刷品图片，要先进行模糊处理，去掉印刷网纹，然后再进行锐化处理，使图像清晰。模糊和锐化是两个相对的图像处理功能。

### 1. 模糊

有很多的图片是采用扫描印刷品的方式获取的。我们知道，印刷品上的图片是由黄、品、青、黑四色油墨以极小的网点叠印在纸张上而产生的，当我们以高分辨率扫描仪把印刷品扫描成电子文件时，这些印刷网点仍然保留着（图4-5）。如果不经过处理，直接输出菲林、打样、印刷的话，就会出现杂点、乱纹的情况，破坏照片的原有效果。

使用软件的"模糊"功能可以有效去除印刷网点。

在Painter中执行菜单栏中的【效果】→【焦点】→【柔化】命令，弹出的【柔化】对话框，将【光圈】选择为"高斯"，将【强度】的滑块调整为"2"左右，光标单击左侧预览图，观察调节前后的效果对比（图4-6）。需要注意的是，【强度】的数值不要设置太高，否则图片清晰度会降低。

在Photoshop中，可以进行相同的"模糊"处理。执行菜单栏中的【滤镜】→【模糊】→【高斯模糊】命令，在弹出的对话框中调节【半径】数值为"1.0"像素或者拖动滑块进行调节，调节的效果与Painter完全一致（图4-7）。

去除印刷网点、杂点的方法有很多，除了"模糊"命令，还可以使用专门去除印刷网点的滤镜。另外，扫描仪的扫描程序也会自带"去除网点"等图片调整工具，扫描时就可以对图片进行调整。使用数码相机拍摄的数字照片和使用绘画软件绘制的数字绘画作品，都不存在印刷网点的问题，不需要进行模糊处理操作。

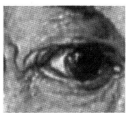

图4-5　丢勒油画印刷品及局部印刷网点

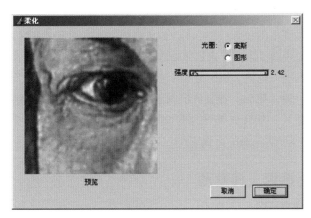

图4-6　Painter的【柔化】对话框

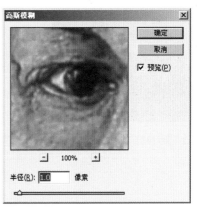

图4-7　Photoshop的【高斯模糊】对话框

## 2. 锐化边缘

图片经过模糊处理完毕后，可以再使用"锐化"滤镜调节图片清晰度。照片中的头发丝、眼睛的边线会被锐化，提高清晰度。

在Photoshop中执行菜单栏中的【滤镜】→【锐化】→【USM锐化】命令，在弹出的对话框中调节【数量】、【半径】、【阈值】三个选项，调节图像边缘清晰度（图4-8）。注意要适度微调，数值设置太大会使图片像素损失、照片失真。

在Painter中也有"锐化"功能，执行菜单栏中的【效果】→【焦点】→【锐化】命令，在弹出的对话框中拖动滑块设置【强度】、【高光】、【阴影】数值，可以一边调节数值，一边观察预览效果，满意后单击【确定】按钮执行命令。

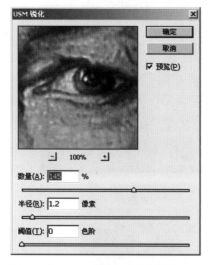

图4-8 Photoshop的【USM锐化】对话框

# 任务二 抠图

将所需要的部分图像相对完整地从原始图片中分离出来的操作，就是常说的"抠图"，抠图是图像处理的基础操作技术。只有将所需部分图像抠出来后，才能进行其他操作。例如，对提取图像进行位移、变形调节、色彩调节，更换背景等操作。抠图的常用方法有用选区工具抠图、用钢笔抠图、用图层蒙版抠图、用Alpha通道抠图以及用滤镜抠图几种方法。在实际工作中根据图片具体情况与制作需求选择合适的抠图方法。

在平面媒体广告、电影海报、宣传画册、传单、书籍装帧等实际设计工作中经常会用到。例如，平面媒体广告中的模特或者产品的照片一般都是在专业摄影棚里拍摄的，会使用白色、灰色、蓝色、绿色等背景布，将来在电脑中制作广告文件时可以根据需要将模特或产品抠出来，更换背景。那么，摄影师在拍摄阶段就会根据设计师的要求选择拍摄角度，设计灯光，尽量将模特或产品拍摄完整。再例如，电影宣传海报的设计与制作经常会用到抠图技术（图4-9）。以人物为主的电影宣传海报，使用的照片要在剧照及定妆照中选择，直接将数码相机拍摄的照片文件拷入电脑。如果是胶片冲洗的照片，需要扫描照片为电子文件输入电脑。在设计提案稿时会抠取人像作为海报的视觉元素。一般会先制作几款设计稿进行提案，选定设计稿后，再制作分辨率高的正稿文件。

图4-9 电影《天地英雄》宣传海报 母健弘设计

## 一、用选区工具抠图

### 1. 建立选区

在Painter中打开一张饼干图片，这张图片中的饼干比较完

图4-10　选中饼干以外的所有区域

整,单色背景,适合用选区工具抠图的方法。使用工具箱中的
【魔棒工具】单击白色部分,【魔棒工具】的【容差】值越大,选
择的范围就越大。注意选区不要选中饼干。然后用工具箱中
的【套索工具】,按【Shift】键加选选区,按【Alt】键可以减选选
区。注意除了饼干以外的部分都要选中,阴影部分的灰色也要
选中(图4-10)。然后执行菜单栏中的【选择】→【反选】命令,
或者按快捷键【Ctrl+I】进行反选,选区选择的就只是饼干了。

套索工具和魔棒工具的缺点是建立的选区不够精确。

### 2. 羽化边缘

执行菜单栏中的【选择】→【羽化】命令,在弹出的对话框
中输入羽化值"2"像素,单击【确定】按钮。数值越大,边缘越
模糊;数值越小,边缘越清晰。合适的羽化值设置,可以避免生
硬的剪切边缘,让抠出的图像边缘自然(图4-11)。

### 3. 原位复制

选区羽化后,按【Ctrl+C】进行复制,然后按【Ctrl+V】进行
粘贴。这样一个完整的饼干就抠出来了。然后,在饼干图层下
面创建一个新图层,使用【喷笔】画笔喷出背景颜色,再创建
一个图层添加阴影。阴影可以使用饼干的选区,羽化选区后填黑
色或者在选区内填黑色后,用"模糊"滤镜做出模糊的阴影效
果,最后将阴影图层的【混合方式】选择为"正片叠底",调节
图层的【不透明度】为"20%"左右,完成最终效果(图4-12)。

Painter中还有一种快速原位复制的方法。建立选区后,

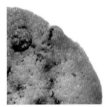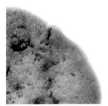

图4-11　"2"像素羽化值(左)、"10"像素羽化值
(右)

图4-12　抠图后换背景的效果

选择工具箱中的【图层调整】工具，长按【Alt】键，单击选区范围内任意一点，选区内的部分就进行了原位复制，在图层中自动形成了一个新图层。原位复制的好处是，保留了完整的原图，如果对原位复制图层的调节不满意，可以选取原图重新进行复制操作。

剪切复制的方法是，长按【Ctrl】键，用【图层调整】工具单击选区范围内任意一点，选区部分就被剪切复制了。选取的部分自动创建了一个新图层，但是底层原图的选择部分被剪切掉了，露出白画布。因此，在实际操作中会经常使用"原位复制"的操作。

## 二、用钢笔抠图

使用【钢笔工具】能够精确地建立选区，这个方法比较适合选取那些边界清楚的物体。在实际工作中经常用到。在Painter和Photoshop中用矢量工具勾线的操作基本相同，都可以将勾线转换为选区。

### 1. 勾线

在Painter中打开一张汽车图片，使用工具箱中的【钢笔工具】沿着边界线勾出矢量边线，这根矢量线条不能断、要完全封闭。钢笔工具的使用方法已经在前面介绍过（详见项目三任务四矢量标志制作中的"5. 弧线与钢笔工具"）。使用【钢笔工具】勾线时，会自动形成一个矢量图形图层（图4-13）。

图4-13 使用【钢笔工具】勾
线，自动创建了一个
矢量图形图层

### 2. 存储路径

在Painter中勾线完成后，复制该矢量图形图层，保留在【图层】面板中备用。如果是在Photoshop中勾好路径后，执行菜单栏中的【窗口】→【路径】命令，在弹出的【路径】面板中单击右上角三角图标，执行【存储路径】命令，那么该路径就存储在【路径】面板中了（图4-14）。

### 3. 转换为选区

在Painter中执行菜单栏中的【矢量图形】→【转换为选区】命令，将矢量图形转换为选区，矢量图形图层随即消失。复制备用的矢量图形图层可以随时提取并转换为选区。然后，执行菜单栏中的【选择】→【羽化】命令，设置羽化值为"2"像素。按快捷键【Ctrl+C】复制，然后按快捷键【Ctrl+V】粘贴，图片的选区部分图像就抠出来了（图4-15）。

在Photoshop中将路径转换为选区的方法是，执行菜单栏中的【窗口】→【路径】命令，在弹出的【路径】面板中单击右上角三角图标，选择【建立选区】命令，在弹出对话框中设置羽化值为"2"像素后，单击【确定】按钮（图4-16）。

图4-14 在Photoshop中存储路径

图 4-15　在 Painter 中建立选区后，复制、粘贴选区内图像

图 4-16　在 Photoshop 中将路径转换为选区

### 4. 换背景

在 Painter 中打开一个背景图片，按快捷键【Ctrl+A】全选图片，再按快捷键【Ctrl+C】复制，点选汽车的图像窗口，按快捷键【Ctrl+V】粘贴背景图片。将背景图片图层拖动到汽车图层下层，按【自由变换】快捷键【Ctrl+Alt+T】对背景进行大小、位置调节。适当添加阴影与高光后，微调光影与颜色，完成最终效果（图 4-17）。

## 三、用图层蒙版抠图

使用图层蒙版抠图的方法是常用的抠图方法，最大的优点是能够利用图层蒙版进行删除与复原的操作。Painter 和 Photoshop 的图层蒙版使用方法完全一致，我们以 Photoshop 作为操作软件进行范例讲解。使用图层蒙版抠图方式的特点是，在蒙版中提取图像，不损伤原图，适合提取边界不清楚的图像。下面使用蝙蝠侠手办图片进行演示讲解。

### 1. 复制新图层

打开图片后，将图片复制成一个单独的新图层，将图片从画布上分离出来。先按快捷键【Ctrl+A】全选画面，再按【Ctrl+C】和【Ctrl+V】进行复制粘贴，然后，点选背景层，按快捷键【Ctrl+←】将画布填充为"背景色"的白色（图 4-18）。

图 4-17　抠图后换背景的效果

图 4-18　复制、分离图片

图4-19 建立图层蒙版

图4-20 使用蒙版删除多余背景

图4-21 应用图层蒙版

图4-22 抠图后换背景的效果

图4-23 原图

## 2. 建立图层蒙版

在【图层】面板中选择要抠图的图层，然后执行菜单栏中的【图层】→【图层蒙版】→【显示全部】命令，这时图层缩略图的右边出现了蒙版（图4-19）。

## 3. 蒙版抠图

点选右侧【图层蒙版缩览图】图标，蒙版四周出现黑边，表明已经选中蒙版。将"前景色"选择为100%黑色，选择【画笔工具】，设定画笔【不透明度】属性为"100%"，使用画笔在画布上画过的地方随即删除，露出白色画布底色（图4-20）。蒙版是单色的，不论"前景色"是什么颜色，都会变成灰度模式。画笔"前景色"为100%黑色，会删除100%的背景；画笔"前景色"为50%灰色，则删除50%的背景，呈半透明状态。

如果失误删除了要保留的部分，可以选择"前景色"为白色，使用画笔再画一下进行复原，这就是图层蒙版功能的特点。需要注意的是，图层缩略图和图层蒙版图标之间有个链接的锁定图标，使用工具箱中的【移动工具】移动图片或图层蒙版时，图片与图层蒙版同时移动。单击锁定图标后，就能解除锁定，单独移动图层或者图层蒙版。

## 4. 应用图层蒙版

使用图层蒙版将人物抠出来后，右键单击【图层蒙版缩览图】图标，在弹出的面板中单击【应用图层蒙版】命令（图4-21）。

执行【应用图层蒙版】命令后，蒙版消失，图片暂时删除的部分会被真正删除，不能复原。所以，一般情况下，抠好图后会保留图层蒙版，而不急于"应用"。

最后，换一张新的背景，测试抠图效果（图4-22）。

## 四、用通道抠图

软件的"通道"有很多功能与应用，下面介绍使用通道抠图方面的内容。

### 1. 新建通道

在Photoshop中打开一张图片（图4-23），执行菜单栏中的【窗口】→【通道】命令，在弹出的【通道】浮动面板中有四个通道，分别是红通道（R）、绿通道（G）、蓝通道（B）和以RGB色彩模式显示的图片。

单击【通道】面板右上角三角形图标，在选项中选择【新建专色通道】命令，然后在弹出的对话框中为新专色通道命名为"选区专色通道01"，【油墨特性】显示的红颜色是为了让用户在编辑通道时方便观察（图4-24）。

图4-24　建立选区专色通道

### 2. 修改选区通道

我们先借用已有通道，单击"蓝"通道，按【Ctrl+A】全选该通道后按【Ctrl+C】进行复制，再点选"选区专色通道01"通道，按【Ctrl+V】将"蓝"通道粘贴在选区专色通道上。然后用100%黑的画笔将辣椒与西红柿的区域全部涂满、涂实，会画出【正片叠底】效果的红色（图4-25），红色就是"新建专色通道"对话框中的【油墨特性】的颜色（图4-24）。

专色通道与前面讲过的图层蒙版基本相同，只不过图层蒙版保存在【图层】面板里，而专色通道保存在【通道】面板里。

图4-25　在专色通道上绘制红色选区范围

### 3. 载入选区

执行菜单栏中的【选择】→【载入选区】命令，在弹出的对话框中，【通道】选项选择"选区专色通道01"，单击【确定】按钮后出现选区（图4-26）。单击【通道】面板中"选区专色通道01"前面的眼睛图标，将专色通道隐藏。

图4-26　载入选区

### 4. 复制提取

打开【图层】面板，执行菜单栏中的【选择】→【修改】→【羽化】命令，设置【羽化半径】为"2"像素。然后复制、粘贴选区内的图像，再将底图画布填充为白色（图4-27）。

图4-27　抠出图像

### 5. 选区与Alpha通道的转换

在Photoshop中Alpha通道与专色通道除了黑白颜色是相反的，选区与通道的转换方法相同。选区转换为Alpha通道后，选区范围在通道中是白色的部分，而专色通道中黑色是选区部分。沿用前面范例中使用专色通道已经建立好的选区，执行菜单栏中的【选择】→【存储选区】命令，将选区存储为"Alpha1"通道，保存在【通道】面板中（图4-28）。

点选【通道】面板中的"Alpha 1"通道，再执行菜单

图4-28　将选区存储为Alpha通道

栏中的【选择】→【载入选区】命令,可以将Alpha通道转换为选区。当然,我们也可以建立一个Alpha通道,画出选区。方法是单击【通道】面板右上角的三角形,选择【新建通道】创建一个默认为全黑的Alpha通道,然后点选该通道,用白色画笔将蔬菜区域涂白。最后单击菜单栏中的【选择】→【载入选区】命令将Alpha通道转变为选区。

在Painter中是没有专色通道的,它的"选区与Alpha通道转换"的方法与Photoshop相同。

### 6. 通道的其他用法

（1）调节图像的颜色

图片常用的颜色模式有RGB和CMYK模式,RGB模式有三个通道,CMYK模式有四个通道。调换通道可以改变图片颜色,下面我们尝试在Photoshop中将图片的红色通道与蓝色通道互换,改变辣椒和西红柿的颜色。

制作的方法是,点选【通道】面板中的红色通道后,单击【通道】面板右上角的三角按钮,在弹出的面板中选择【复制通道】,在弹出的对话框中已经将新通道命名为"红副本",单击【确定】按钮后,在通道中就创建了一个红通道的副本。再用同样方法复制一个蓝通道（图4-29）。然后,单击【蓝副本】通道,按【Ctrl+A】全选,按【Ctrl+C】拷贝,再点选"红"通道,按【Ctrl+V】,"蓝副本"通道覆盖掉了"红"通道。使用相同方法用"红副本"通道覆盖掉"蓝"通道。隐去副本通道,单击通道图层的"RGB"通道后,显示"RGB"、"红"、"绿"、"蓝"四层通道,观看红通道和蓝通道互换后的效果（图4-29）。

这种图像处理技术能够变换颜色的同时不损失图像的像素质量、不会留下调节痕迹,但这个方法操作起来比较麻烦,不建议初学者使用。

（2）隐去背景的透明效果

带有Alpha通道的图片置入到Flash、Page Maker、Illustrator、After Effects等软件中后,由于通道的作用,Alpha通道中黑色区域是透明的、不显示出来,白色区域会显示出来。在实际工作中经常会使用到Alpha通道的这个功能,隐去图片的背景。

## 五、用抽出滤镜抠图

动物皮毛或人的头发是最不容易提取的,尤其是发梢和发丝,不论背景布是白色、蓝色还是其他颜色,都会面临同样的问题。如果使用在前面介绍的图层蒙版抠图的办法会非常烦琐,要使用小号黑色画笔删除背景,再使用白色画笔复原出发丝,抠图效果跟制作者的绘画基础也有很大关系。那么,使用Photoshop的"抽出"滤镜提取头发就相对容易一些。

图4-29　调换颜色通道

图4-30 Photoshop选区属性栏中的【调整边缘】选项按钮

Photoshop CS5 版本以后的版本已经没有"抽出"滤镜了。这是因为,软件更加完善了选区属性栏中的【调整边缘】工具(图4-30)。这个工具的使用与"抽出"滤镜的原理基本一致。

下面,使用"抽出"滤镜进行抠图,把狗抠出来,换一个新背景。

### 1. 加载滤镜

如果软件中没有"抽出"滤镜,就需要加载。可以将下载的"抽出"滤镜文件复制到C:\Program Files\Adobe\Adobe Photoshop CS4\Plug-ins\Filters文件中,重启Photoshop后,滤镜中就会出现"抽出"滤镜。

### 2. 复制粘贴新图层

毛发的深浅会影响抠图效果。因光照的原因,使得狗上半身边缘的皮毛要比下半身边缘的皮毛颜色浅,因此,需要把狗分为上下两部分,分别进行抠图。将图片原位复制一个新的图层(图4-31)。这是因为,对新图层中的毛发进行抽出操作后,会删除其余部分。因此要保留原图备用。

### 3. 抽出发丝部分

单击菜单栏中的【滤镜】→【抽出】滤镜,在弹出的【抽出】滤镜面板中,点选左上角的【边缘高光器】画笔,使用画笔覆盖并圈选边缘的毛发,注意要封闭。然后选择【填充工具】将封闭的绿色圈填充为蓝色,在面板右边的选项可以调节"抽出"的各项数值(图4-32)。

图4-31 将原图原位复制一个新图层

图4-32 圈选、填充选择范围

图4-33　原图与抽出后的效果对比

图4-34　抠图后换背景的效果

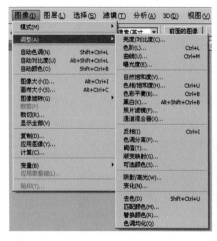

图4-35　Photoshop的颜色【调整】选项

单击【确定】按钮,完成抽出效果。在下层添加另一个颜色的新背景,观察抽出效果(图4-33)。抽出的强度需要反复测试,直到实现比较满意的抽出效果为止。

**4. 抠出其他部分并整体调整**

再原位复制一张原图,使用相同的方法抠出下半部分的皮毛,对上下两部分之间的衔接使用图层蒙板进行适当修饰,让两部分衔接自然、融为一体。最后添加一个新的背景,观察抠图效果(图4-34)。

# 任务三　颜色调节

对照片图像进行了修图、模糊、锐化、抠图操作后,还要根据图片的要求与用途进行色彩调节,主要是调节色彩的三要素,明度、色相、纯度(饱和度)。

Photoshop和Painter中常用的颜色调节工具基本相同。单击Photoshop菜单栏中的【图像】→【调整】命令,在弹出的面板中主要是颜色调节命令,比较常用的命令有【色相/饱和度】、【色阶】、【亮度/对比度】、【曲线】、【色彩平衡】等(图4-35)。这些命令与Painter【效果】→【色调控制】面板中的颜色调节命令基本相同(图4-36),但是没有Photoshop中的色彩调节命令全面、丰富、便捷。初学者需要打开一张图片,逐一测试这些调节工具,了解调节效果。

## 一、颜色明度调节

### 1. 调节色阶

在Photoshop中打开一张图片,测试【色阶】命令的调节效果。图片中共有四个色条,第一条是黑红色渐变到中间位置的纯红色,再渐变到白色;第二条是第一条渐变的灰度模式显示;第三条是个色相渐变条;第四条是第三条的灰度模式显示效果。从这张图可以看出,不同颜色的明度是不同的(图4-37)。

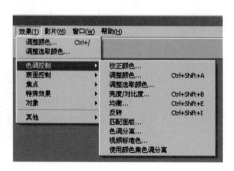

图4-36　Painter的【色调控制】选项

执行菜单栏中的【图像】→【调整】→【色阶】命令，或者单击快捷键【Ctrl+L】调出【色阶】对话框。调节对话框中各个数值的同时，观察四个色条的变化。拖动【输入色阶】的三个滑块，或者在下面输入明度数值进行色阶调节（图4-38）。最左边的滑块向右拖动，深颜色的范围增加；最右边的滑块向左拖动，亮部白色的范围增加；拖动中间的滑块，则中间色调整体变深或变浅。

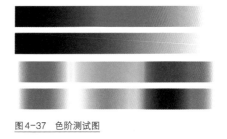

图4-37　色阶测试图

下面使用【色阶】工具调节一张图片。首先观察这张图"输入色阶"的色阶形状，最亮和最暗部都可以拖动滑块调节。这张图亮颜色少，拖动最右侧滑块，提高画面最亮的值为白色。或者使用【色阶】对话框的右侧白色吸管，单击让画面最亮的部分为白色的花瓣（图4-39）。

单击【确定】按钮，调节后的画面随着花瓣亮度提高，色彩层次也更丰富了。再次按【Ctrl+L】打开【色阶】对话框，会看到色阶的图形出现白线（图4-40）。这是因为，去除部分色阶后，图片0至219的色阶要重新铺满0至255的色阶，色阶调节会损失少部分的图片质量。因此，使用颜色调节工具不要调整过大，避免图片的像素和质量损失过大。

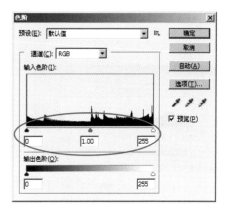

图4-38　【色阶】对话框

图4-39　向左侧调节右侧滑块

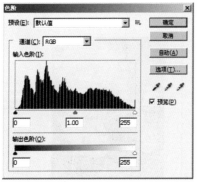

图4-40　调节后的效果与【色阶】设置

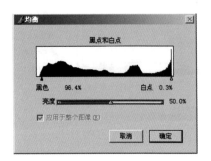

数字绘画
基础教程

Painter的色阶功能与Photoshop的色阶功能很相似，执行Painter菜单栏中的【效果】→【色调控制】→【均衡】命令。在弹出的对话框中拖动"黑色"、"白点"、"亮度"的滑块设置画面最亮和最暗的颜色以及整体画面的亮度（图4-41）。

**2. 其他颜色明度调节工具**

在Photoshop中经常用来调节颜色明度的工具有【曲线】、【亮度/对比度】，使用同一张图片调节，观察调节效果（图4-42、图4-43）。其中【曲线】既可以对整幅画面调节，也可以单独调节RGB的三个通道，改变整个图片的明度及色相。

# 二、色相与饱和度调节

执行Photoshop菜单栏中的【图像】→【调整】→【色相/饱和度】命令，可以调节照片的【色相】、【饱和度】、【明度】（色彩三要素）（图4-44），也可按快捷键【Ctrl+U】调取该命令。Painter菜单栏中的【效果】→【色调控制】→【调整颜色】命令与Photoshop的【色相/饱和度】命令的调节方法基本相同（图4-45）。

在Photoshop中，打开一张图片，使用【色相/饱和度】工具调节【色相】值。因为不同颜色的明度是不同的，在转变色彩的同时，明度也随之变化了。原图脸部的浅黄色在转换成紫色后，明度降低（图4-46）。

如果想调节画面局部的颜色色相与饱和度，可以使用工具箱中的【套索工具】或【魔棒工具】建立选区，在设置羽化边缘数值后，使用【色相/饱和度】工具调节局部的色相与饱和度。

打开一张色相条图片进行"饱和度"调节测试。执行Photoshop菜单栏中的【色相/饱和度】命令，向左拖动对话框中的【饱和度】的滑块，将色相条的饱和度降

图4-41　Painter的【均衡】对话框

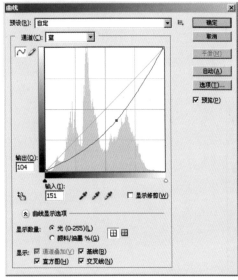

图4-42　"曲线"调节

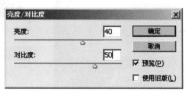

图4-43　"亮度/对比度"调节

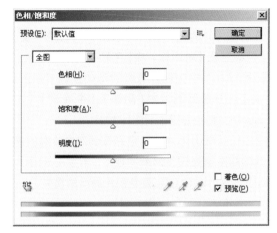

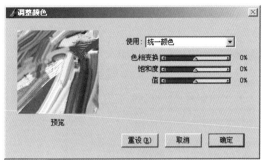

图4-44 Photoshop的【色相/饱和度】对话框　　　图4-45 Painter的【调整颜色】对话框

低为"-100",色相条的颜色饱和度降低,明度也发生了变化(图4-47)。但是,执行Photoshop菜单栏中的【图像】→【模式】→【灰度】命令,将色相条转换成灰度模式后,颜色明度保持不变(图4-47)。

　　下面将一张彩色图片分别调节为饱和度"-60"效果以及灰度模式效果,再次进行测试对比,观察三张图片的饱和度与明度差异。灰度模式将彩色图片转变为黑白图像的同时,能够保留颜色的明度关系。将彩色图片调节为饱和度"-60"的图片,颜色明度自动变化。例如,脸部与脖子阴影区域,颜色饱和度降低的同时明度也降低了(图4-48)。

图4-46 马蒂斯作品(左)与色相调节(右)效果对比

色相条

"饱和度"调节为"-100"

调节为灰度模式

图4-47 色相条(上)、"饱和度"调节为"-100"(中)、灰度模式(下)效果对比

图4-48 原图(左)、"饱和度"调节为"-60"(中)、灰度模式(右)效果对比

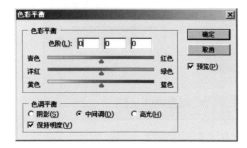

图4-49 【色彩平衡】对话框

Photoshop的"色彩平衡"调节工具也经常用来调节图片颜色。执行菜单栏的【图像】→【调整】→【色彩平衡】命令，打开【色调平衡】对话框。在【色彩平衡】部分有三个调节滑块，可以在不损失图片像素的基础上调节颜色。在【色调平衡】部分按照图片的【阴影】、【中间调】、【高光】三个色调分别进行色彩调节（图4-49）。

经过修图、模糊或锐化、抠图、色彩微调四个步骤的调节处理后，基础的图像处理工作就完成了。在实际的图片调节工作中，应该慎用调节工具，避免图片的质量损失。

## 任务四　照片的绘画效果处理

将照片制作成绘画效果的图片处理方法，是数字绘画过程中常用的处理方法，体现了数字绘画的技术优势。这些处理技术虽然能模拟出不同的绘画风格，但它不是完全意义上"画"出来的，而是依托于原照片"制作"出来的。一方面我们必须承认，这些技术可以方便快捷地实现所要的绘画效果，它让绘画变得"简单"了。另一方面，也要清醒地认识到哪部分属于"绘画"，哪部分属于"制作"。

在Painter软件中将照片处理成绘画效果和特殊效果有很多种方法，本项目将重点介绍常用的几种处理方法。

### 一、手绘效果制作

使用Painter的"快速克隆"的方法，选择不同的画布纹理和画笔就能画出类似油画、水粉画、粉笔画、水彩画等绘画效果，制作的步骤基本一样。

#### 1. 铺颜色

图4-50 克隆笔变量

打开一张风景照片后，首先裁剪出合适的画面构图。然后调节照片的色阶、色相、饱和度，使照片的色彩更接近绘画颜料的色彩。然后，执行菜单栏中的【文件】→【快速克隆】命令，会自动创建一个新画布。此时，画笔为克隆笔，选择一款克隆笔变量就可以直接快速画出各种形式的画面风格（图4-50）。但是，只使用一个画笔变量绘画，画面会显得死板，一般会使用多个画笔变量进行绘制。

选择大号【克隆笔】中的【粗糙喷雾克隆笔】变量，此时【颜色】面板中用来选择颜色的圆环与三角图形显示为灰色，即所使用的颜色来源于克隆源图片相同位置的颜色，使用画笔涂满画布，绘画效果类似新印象主义的"点彩派"绘画（图4-51）。

图4-51 在新画布上铺上颜色

## 2. 深入刻画

使用默认的画布"基本纸纹"不变,选择有厚涂效果的【克隆笔】中的【厚涂扁平克隆笔】变量。保持默认属性不变,使用中号、小号画笔涂抹已画好的颜色点。涂抹时要注意树木的结构,运笔时笔触效果要自然生动、有变化,模拟出传统绘画的手绘感和笔触感,避免生硬地、机械地排列笔触(图4-52)。

画笔厚涂效果是软件计算出来的,如果想增强厚涂效果,可将画笔属性条中的【特征】数值调小。单击图像窗口右上角的【切换厚涂效果】图标 ,可以显示或去除厚涂效果,存储的文件与图像显示时的效果相同。

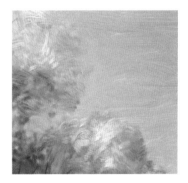

图4-52 厚涂笔触效果

## 3. 细节与收尾

使用小号画笔深入刻画主体与细节。这个阶段可以不使用克隆颜色,单击【颜色】面板的【克隆颜色】图标,色彩选择器的圆环与三角形变成彩色的,此时画笔使用"主要色"颜色(图4-53)。

使用的颜色可以自选,也可以按【Alt】键吸取画面中的颜色。继续刻画主体树叶细节,再用深颜色画出树干与树枝。注意虚实关系,保留绘画笔触(图4-54)。

图4-53 取消画笔颜色克隆

图4-54 完成效果

103

图4-55　原图(上)、添加纸纹纹理
(下)效果对比

图4-56　色彩静物　母健弘

## 二、添加纹理

不论是照片还是数字绘画作品经常需要为整体或局部添加纹理。有三种常用的添加纹理方法,分别是使用照片笔、应用表面纹理、叠加纹理图片,可以根据自己的喜好和使用习惯灵活运用。如果是数字绘画作品,建议在开始绘画前的准备阶段就设定好画笔与画布纸纹,这样绘画时每一笔都会产生自然的画布纹理。完成作品后添加的画布纸纹效果,如果调节不好会略显生硬。

### 1. 照片笔

在Painter中打开一张已经画好的静物写生图片,将所有图层合层,然后再为画面添加一点画布纹理。

首先,将画面复制、粘贴为新图层,命名为"纸纹"图层。然后,在【纸纹】浮动面板中选择【粗糙棉质布纹纸纹】,并根据画面尺寸与大小设置好【纸纹比例】和【纸纹对比度】。选择【照片】笔中的【加入颗粒】变量,直接使用大号画笔在新图层上为画面添加纹理(图4-55)。最后,适当降低"纸纹"图层的【不透明度】值,让画布纹理自然,不破坏画面(图4-56)。

### 2. 应用表面纹理

在Painter中将画好的画面复制、粘贴为一个新图层,在这个新图层上制作纹理。

执行菜单栏中的【效果】→【表面控制】→【应用表面纹理】命令,在弹出的对话框中【使用】选项栏内有四个选项,选择"纸纹"选项,能像照片笔一样为画面添加当前纸纹纹理。在这里我们选择"图案亮度",可以根据画面笔触亮度添加厚度纹理。勾选【反转】选项,这样,浅颜色为凸起,类似厚涂效果(图4-57)。

图4-57　应用表面纹理

### 3. 叠加图片素材

叠加图片素材这种方法与"照片笔"、"应用表面纹理"两种方法相比,不仅能快速做出相同的纹理效果,还可以选择任何图片进行叠加。叠加的纹理图片素材,能够有效增强数字绘画的效果。可以在图层中方便地选择【混合模式】,调节图层的【不透明度】,还可以使用软件工具调节纹理图层的造型、图案、色彩等。这种快速地、反复地进行选择与测试的调整方式是使用传统绘画工具与绘画材料无法实现的。

叠加图片素材这种方法用途非常广泛,叠加画布纹理、叠加材质与特效图片等效果的制作,在实际创作中的运用也比较灵活。在 Photoshop 与 Painter 中都可以进行叠加图片素材的操作,两个软件的图层【混合模式】选项及蒙版使用基本相同。下面,我们使用 Photoshop 进行叠加效果测试。

(1)叠加画布纹理图片

在 Photoshop 中将一张纹理图片的模式改为灰度模式。然后复制、粘贴到已经画好的插画图层中,命名为"画布纹理"图层。然后选择"画布纹理"图层的【混合模式】为"叠加",【不透明度】数值为"37%"左右(图 4-58)。

纹理铺满整个画面会破坏人物的脸和皮肤的质感,需要适当删除,同时保留人物的头发与衣服上、背景上的纹理叠加效果。这里使用图层蒙版进行删除处理,使用【不透明度】为"50%"左右的黑色画笔适当删除脸部、肩膀和手臂上的纹理,也可以使用白色画笔进行复原(图 4-59)。经过反复地调整后,最终实现满意的纹理叠加效果(图 4-60)。

(2)叠加材质与特效图片

照片或数字绘画作品可以根据画面需要适当叠加材质图片,增加画面质感与效果,例如金属或石头等材料的斑驳质感(图 4-61)。

图 4-58
设置纹理图层

图 4-59
叠加画布纹理
效果对比

图 4-60 插画 母健弘

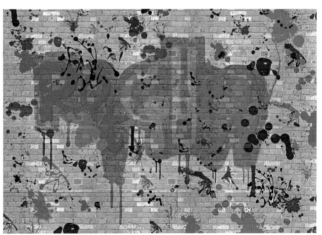

图 4-61 叠加材质 黄若凡

还可以叠加特效、光效等图片，例如叠加火焰或闪电等图片（图4-62）。这种方法与绘画方式相比，修改调整简便，能够快速表现出效果。制作的方法与"叠加画布纹理图片"的方法相同。

## 三、效果制作

将照片处理成绘画效果的过程中，如果连压感笔都不用，仅使用滤镜或插件、"自动绘画"功能，以及单击鼠标就能将照片处理成绘画效果的话，那就是名副其实的"制作"了。在制作时应适当调节相关工具的属性数值，反复测试，尽量减少软件工具自动操作所产生的机械、生硬的画面效果。

### 1. 用滤镜特效制作波普艺术风格

Painter与Photoshop的滤镜非常多，能够制作出各种特殊效果，应该逐一进行效果测试。在前面的项目任务中已讲到了一些滤镜的使用，下面我们将使用Painter中的"应用网屏"和"流行艺术填充"滤镜，尝试制作一张波普艺术风格的作品。

（1）应用网屏效果

在Painter中打开一张黑白照片。复制、粘贴原照片为一个新的照片图层。使用菜单栏中的【效果】→【表面控制】→【应用网屏】滤镜，在弹出的对话框中【使用】选项选择为"图像亮度"，适当调节两个阈值，调节色阶的分布。将三个颜色块改为黑、白两色，把照片处理成黑白画效果（图4-63）。单击【确定】按钮，应用滤镜后的照片变成了黑白画效果，但是五官、头发等灰色的细节都被忽略掉了（图4-64）。

使用工具箱中的【套索工具】，将原照片的五官与头发分别进行复制、粘贴，建立新图层。调节并使用【应用网屏】滤镜，然后使用图层蒙版和硬边缘的画笔对网屏效果进行修饰，完成黑白画的效果（图4-65）。

图4-62 叠加光效 胡永涛

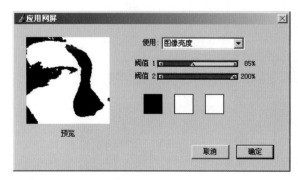

图4-63 【应用网屏】设置

图4-64 使用【应用网屏】工具后的图片效果对比

图4-65　完成黑白画效果

（2）流行艺术填充

将所有网屏图层合层并将图层【混合模式】选择为"正片叠底"。

复制、粘贴画布原图，创建一个与原照片相同的图层。用【套索工具】建立头发选区，按快捷键【Ctrl+I】反选选区，再按快捷键【←】，删掉头发选区以外的图像。执行菜单栏中的【效果】→【特殊效果】→【流行艺术填充】命令，在对话框中【使用】选项选择"图像亮度"，一边调节网点图案的大小与分布，一边观察预览视图。然后单击【笔尖颜色】与【背景颜色】颜色块，选择颜色。满意后再单击【确定】按钮执行命令（图4-66）。

图4-66　填充头发图案

（3）微调

使用同样的操作方法，将皮肤、背景等部分填充完毕。创建一个新图层，画上眼睛的白底色以及嘴唇的红色。最后，微调有瑕疵的细节，完成最终效果（图4-67）。

Painter中除了菜单栏中【效果】菜单里面的滤镜，还提供了图层【动态滤镜插件】和【制作马赛克】及【制作特塞拉】等特效工具。单击菜单栏中的【图层】→【动态滤镜插

图4-67　波普艺术效果

107

图4-68 调整照片颜色

图4-69 【油画笔】的【粗鬃毛油画笔30】变量

图4-70 【自动绘画】面板

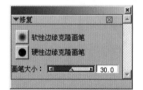

图4-71 【修复】面板

图4-72 "自动绘画"效果

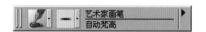

图4-73 【艺术家画笔】的【自动梵高】变量

件】命令会出现11个动态滤镜插件选项。也可以单击【图层】浮动面板左下角的【动态滤镜插件】按钮,打开【动态滤镜插件】面板选择插件。另外,【制作马赛克】和【制作特塞拉】特效工具位于菜单栏的【画布】菜单中。以上这些工具的使用方法比较简单,不做详细介绍了,初学者需要逐一测试使用效果,根据需要选择使用。

### 2. 自动绘画

使用Painter的【自动绘画】工具可以将一张照片自动制作成绘画效果。

打开一张风景照片,将图片颜色调节到接近绘画的颜色(图4-68)。然后执行菜单栏中的【文件】→【快速克隆】命令,建立一张克隆画布。再执行菜单栏中的【窗口】→【自动绘画】命令,弹出【自动绘画】面板。

画笔选择条中的硬质画笔、软质画笔、克隆笔都可以进行"自动绘画"操作。选择【油画笔】中的【粗鬃毛油画笔30】变量(图4-69),画笔大小为"45"左右(画笔大小可以根据画面分辨率大小进行设置)。在【自动绘画】面板的【笔触】选项中有多种默认笔触供选择,我们选择"媒材尖"笔触(图4-70)。

单击【自动绘画】面板右下角的【播放】绿色三角按钮,进行"自动绘画"。单击【停止】按钮,停止绘画。对于不满意的地方可以使用菜单栏中的【窗口】→【修复】工具,将画面修复为原照片(图4-71)。【自动绘画】面板中【智能笔触绘制】可以分辨画面的边界进行绘画,使用该功能的画面效果会略显死板,暂不勾选。

使用小号画笔,单击【播放】按钮继续绘画,也可以使用选区对局部进行"自动绘画"。效果满意后,单击【停止】按钮完成绘画,最终效果如图4-72所示。

### 3. 自动梵高与自动克隆

在Painter菜单栏中的【效果】→【特殊效果】面板中有【自动梵高】和【自动克隆】工具。常用的克隆笔或艺术家画笔都可以使用【自动克隆】与【自动梵高】工具。下面先使用【自动梵高】工具,快速制作印象派风格的风景画效果。

打开上面例子中的原照片,执行【快速克隆】命令创建一个新的图像窗口。选择【艺术家画笔】中的【自动梵高】变量(图4-73)。注意【颜色】面板中的【克隆颜色】按钮要按下去,才能使用原图的克隆源颜色。

执行菜单栏中的【效果】→【特殊效果】→【自动梵高】命令,画面立刻自动处理完成,模拟了印象派的笔触和画面效果。

调节合适的画笔大小，多次测试【自动梵高】命令，直到满意为止（图4-74）。

下面，使用【自动克隆】工具进行测试，方法与前面【自动梵高】工具一样。在执行【快速克隆】命令后，选择的画笔为【克隆笔】中的【印象派画克隆笔】变量（图4-75）。

调节合适的画笔大小后，执行菜单栏中的【效果】→【特殊效果】→【自动克隆】命令，单击画面停止克隆，获得【自动克隆】的绘画效果。选择合适的画笔大小，多次测试【自动克隆】命令，直到满意为止（图4-76）。需要注意的是，有些克隆笔的变量不能使用"自动克隆"或"自动梵高"命令。例如，【鬃毛克隆笔】、【油性克隆画笔10变量】等变量。

图4-74 "自动梵高"效果

图4-75 【克隆笔】中的【印象派克隆笔】变量

图4-76 "自动克隆"效果

**作业**

1. 课堂练习

任选照片，使用不同的抠图方法进行抠图练习，然后换一个新的背景。之后，再使用颜色调节工具调节照片颜色，将照片处理成绘画效果，并适当添加纹理效果。

2. 拼贴画

使用已经介绍的修图、抠图、颜色调节、绘画效果处理知识，尝试制作一张拼贴画。将不同照片素材的某一部分组合到一张画面上。

以上两个题目的练习都要有一定的设计思路，画面效果要好，题材与表现形式不限。要求在一周内完成，下次上课进行作业观摩与讲评。

# 项目五 素描基础

● **项目提要**

　本项目概述了数字绘画造型基础,通过静物结构素描、人像素描、人体结构与造型三个单元介绍素描基础知识并进行素描练习。

● **关键词**

　写生;写实;具象;绘画造型能力;结构素描;调子素描;形式表现;风格化

图5-1
1942年出版的
《逃家小兔》儿
童绘本(传统手
绘)
克雷门·赫德
(美国)

图5-2
《科学幻想》杂
志1964年6月
刊封面插画(传
统手绘)
弗兰克·弗雷
泽塔(美国)

图5-3
《魔兽世界》漫
画2008年5月
刊封面插画(纸
上手绘线稿、电
脑上色)
Jim Lee(美国)

项目五
素描基础

## 任务一　数字绘画造型基础概述

掌握了数字绘画工具之后，需要将学习的重点从使用数字绘画工具方面转移到绘画与创作方面上来。数字绘画造型基础分为素描基础与色彩基础两个项目进行介绍，不仅要学习素描与色彩的基础理论知识，还要进行专项练习。

### 一、绘画造型基础练习的目的

#### 1. 商业绘画需求

绘画造型能力是从事绘画相关工作必须具备的能力。例如，插画、影视动画概念设计图、游戏概念设计图、分镜头脚本与故事板、原画与动画设计、角色设计、场景设计等，都需要具有较强的绘画造型能力与绘画基础的人来完成。画家们得到任务后，使用数字绘画工具进行创作，完成的画作如果能被采用，能满足客户与受众的需求，绘制的作品才真正成为一幅商业绘画作品。

对于初学者而言，必须学好绘画基础理论知识并进行绘画基础练习，打好基础。随着画家绘画水平的不断提高，以及绘画技术的日臻完善，其绘画作品也会逐渐得到客户与受众的认可，这个阶段的画家才会有更多的话语权，拥有相对自由的创作空间。

#### 2. 表达与理解的需要

首先，是表达的需要。绘画基于人类共同的生理与视觉心理基础，可以通过绘画形式语言表达某种观念。人们看到某一视觉造型时会产生相同或相近的感觉与认知。例如，冷色调与暖色调会带给人冷与暖的不同感觉，圆形与三角形相比，圆形给人更加圆润、完整的感觉。数字绘画要满足客户与受众需要，就要遵循绘画规律、运用绘画形式语言进行表达。画家们要研究受众年龄、性别、区域文化等方面的特点与差异，使用目标受众能够理解并愿意接受的绘画形式和造型。例如，儿童书籍插画与青少年书籍插画在造型、色彩、表现形式等方面都存在明显差异(图5-1至图5-3)。

图5-4 《第一幅水彩抽象画》(表现主义) 康定斯基

图5-5 《三联画
(Triptych)》
(德国的新
表现主义)
培根

其次，是理解的需要。能够通过视觉辨识、理解的具象造型与形象，容易被客户与受众更快地理解与接受。反之，抽象的绘画形式就不那么容易被理解了。在绘画史上，抽象绘画始终占有一席之地。自从现代主义绘画兴起，抽象绘画产生并逐渐发展出了表现主义、构成主义、至上主义、抽象表现主义等诸多抽象绘画流派（图5-4、图5-5）。总体来说，抽象绘画属于纯绘画艺术创作，在商业绘画创作中极少采用抽象的绘画形式。这是因为，抽象的绘画形式语言不容易清晰、明确地表达出某一具体的思想与观念。另一方面，观众观看抽象的绘画形式时，每个人的感受与理解各不相同，会产生理解偏差，甚至会产生误读或不理解的情况，造成绘画形式语言表达与理解的障碍。

### 3. 提高绘画造型能力

造型艺术有很多门类，如绘画、雕塑、设计、工艺美术等。因此，提高造型能力的练习方式和形式也多种多样。绘画可以，雕塑也可以，甚至在电脑三维空间中进行三维建模也是一种提高造型能力的练习方式。但是，最普遍、最常用的练习方式还是绘画，只要有纸和笔就可以方便、直观地进行绘画练习，这使得绘画成为造型能力练习最基本的方式。

绘画造型能力是一种使用绘画工具再现写生对象以及头脑中意象的绘画表现能力，是一种需要经过长时间练习才能逐渐提高的能力，它依靠人的想象力、创造力起作用。那么，如何才能经过系统的练习提高绘画造型能力呢？历史上的画家与绘画理论家们已经归纳总结了大量的提高绘画造型能力与绘画水平的理论知识与练习方法。其中重要的基础内容就是素描和色彩。不论是传统绘画还是今天的商业数字绘画创作，都需要通过绘画练习掌握这两部分绘画基础内容，从而提高绘画造型能力，为将来的专业课程学习与工作打下扎实的绘画基础。

## 二、数字绘画造型基础练习内容

我们知道，任何一位画家在他绘画创作生涯的学习阶段都要向前人与传统学习，会受到各种艺术流派与艺术思潮的影响与启发。对于初学者来说，越早地掌握这些前人积累下来的知识财富，其艺术创作观念与表现技法就能够越早地成熟起来，从而越早地进入到绘画创作阶段。经过前人多年的实践与总结，逐渐形成了一套符合绘画艺术规律的、相对完善的绘画基础理论与造型训练的教学体系。在目前高校的艺术专业课程体系中，临摹、写生、素描、色彩、速写等这些传统绘画练习科目仍然是绘画基础学习阶段的重要教学内容。数字绘画造型基础的学习内容在沿用这一体系的基础上融入了新的教学内容，由浅入深、突出重点地进行阶段性的知识讲授与练习，从而有效地提高学生的绘画造型能力和绘画水平。

需要注意的一点是，本书的演示范例与专项练习作业都是四至八个学时左右的短期作业，适合在课堂上进行。同学们一边画一边互相交流学习，教师也可以随时了解学生的绘画水平与学习情况。学生个人可以根据自己的绘画水平与练习效果适当增加练习科目，进行拓展练习。在结课命题创作时可以留给学生足够的创作时间，画长期作业。

### 1. 阶段性练习

数字绘画是一门实操性很强的课程，既要掌握绘画基础理论知识，又要掌握数字绘画技术与技法。我们将数字绘画造型基础练习的内容分为素描基础、色彩基础两大部分，在结合绘画范例进行基础理论讲述的同时，进行选择性的基础练习。练习内容分为静物结构素描、人像素描、人像色彩、风景色彩四个单元，既涵盖了主要练习内容，又能避免重复教学、重复练习的问题。每个练习单元都有明确的练习要求与目的。

从另一个角度看，学习绘画的道路是"条条大路通罗马"的。每个人的绘画基础不同，这与什么时候开始对画画感兴趣并开始绘画练习有关，有的人在儿童时期就爱好画画，在练习时陶醉其中，从小的绘画积累使得这类人的头脑中积累了海量的形象与造型，并能通过画笔表现出来。他们头脑中的形象与造型已经融入人的意识与思维，可以进行任意的组合与创作，基于此才可能做到不用参照实物，提笔就能默写出各种造型。而有的人是在初中或高中阶段才开始学习绘画的，那么就要花更多的时间与精力进行学习与练习，达到提笔就画的状态。另外，每个人的成长经历与个性都不同，学习绘画的途径也各不相同，在练习的过程中需要学生独立思考、总结经验，寻找到适合自己的练习方法和表现形式，进而掌握绘画的基础知识与绘画技巧，提高绘画造型能力。

### 2. 写实练习与风格化形式表现

从绘画造型角度看，数字绘画造型基础练习可以分为两部分。一部分是写实的写生练习，另一部分是风格化形式表现练习。两部分的练习都是具象的绘画造型练习。

写生练习是基础的写实绘画练习，强调"写实"与"再现"，学生通过眼睛的观察，依靠头脑的思考与形象思维，用手中的画笔进行绘画表现。形成眼、心、手的协调配合，训练学生理解造型、掌握造型、准确表现造型的能力。写生按写生方式可划分为素描写生与色彩写生两类，按写生内容划分可以分为静物写生、人像写生、风景写生等（图5-6至图5-9）。

对于数字绘画照片写生练习来说，不可以使用"快速克隆"和"使用图层临摹"的方法。使用"快速克隆"和"使用图层临摹"方法无法达到练习绘画造型能力的目的。要想真正地提高绘画造型能力、学有所获，就需要真诚地作画、勤学苦练。

风格化形式表现练习是创作练习，更注重个性化的表现。练习主要有两方面内容。一方面是在笔触绘画效果上进行探索。由于使用的数字画笔类型不同，会形成不同的绘画形式，如水彩画、粉笔画、国画、油画等绘画形式。绘画软件中有上百个画笔类型与调节工具，可以尝试使用这些画笔画出不同笔触效果的画面。另一方面是在造型与色彩方面进行表现性绘画创作，在写生的基础上进行形式风格化探索。画家为了表达自己的创作思想与观念，不会再现写生对象的造型与色彩，会使用变形、夸张、提炼加工等处理手法，形成风格化的绘画形式与风格。这在绘画艺术方面体现得尤为明显。从西方现代主义绘画兴起以来，不同艺术流派的画家们在型与色的绘画形式语言方面不断地进行着探索与创新（图5-10至图5-12）。插画也是如此，不同时期、不同地域的插画作品风格迥异。例如在欧洲兴起的"新艺术运动"代表人物阿尔丰斯·穆夏的插画，具有时代特征与装饰美感（图5-13）。即使是在同一地区同一地域，插画家的作品也都极具个人风格，例如当代的日本插画（图5-14、图5-15）。当然，除了插画家个性因素和行业要求因素外，受众的需求、客户的要求、选择的绘画工具等诸多因素都

图5-6 《水果篮》 威廉·凡·阿尔斯特（荷兰）

图5-7 《松林的早晨》 希施金（俄罗斯）

图5-8 《奥地利的伊丽莎白像》
弗朗索瓦·克卢埃（法国）

图5-9 《倒牛奶的女仆》 维米尔（荷兰）

图5-10 《静物苹果篮子》 保罗·塞尚（法国）

图5-11 《玛丽·泰雷丝肖像》 毕加索（西班牙）　图5-12 《星夜》 凡·高（荷兰）

图5-13 JOB烟纸广告插画 阿尔丰斯·穆夏（捷克）　图5-14 插画 加藤彩Aya Kato（日本）　图5-15 插画 别天荒人（日本）

会影响绘画作品的风格与形式。

### 3. 掌握数字绘画工具

学习掌握数字绘画工具最好的方法不是逐条地讲解界面中的命令与菜单，而是基本掌握了数字绘画工具之后，就开始进行数字绘画基础练习，在练习中实践、探索，不断解决遇到的问题和困难，在这个过程中逐渐掌握数字绘画工具，将数字绘画工具操作的学习内容融入绘画实践中去，这是一个"熟能生巧"的过程。

## 任务二　静物结构素描

开始介绍静物结构素描的内容之前，要简单了解一下有关"素描"、"结构素描"的基础知识。

## 一、素描与结构素描

素描是指使用单色绘画工具进行描绘的绘画方法与绘画作品，常用的工具有铅笔、炭笔、钢笔、毛笔等。素描是最常用的绘画练习方法，包括素描写生与速写。用素描的方式绘制的构思草稿也属于素描的范畴。同样的，使用数字绘画工具绘制的单色绘画作品也是素描。不同于工程图与说明图纸，素描是有取舍、有提炼、有加工的艺术创作活动。素描研究的是绘画造型规律，不仅是表现出自然属性，还要体现画家的自我意识与艺术个性，通过绘制具有形式美感的绘画形式，表现画家的思想与观念。

在绘画创作的前期构思阶段，画家会进行写生，绘制素描与速写，这种为绘画创作而绘制素描写生的绘画传统保留至今。达·芬奇、鲁本斯、卡拉瓦乔、安格尔、普吕东、列宾、弗洛伊德等不同时代的画家们都是如此（图5-16至图5-21）。今

图5-16　素描写生稿　米开朗琪罗（意大利）　图5-17　《利比亚先知》壁画　米开朗琪罗（意大利）　图5-18　素描写生稿　彼得·保罗·鲁本斯（德国）

图5-19　《但以理在狮子洞中》油画　彼得·保罗·鲁本斯（德国）　图5-20　素描写生稿　普吕东（法国）　图5-21　《沐浴的维纳斯》油画　普吕东（法国）

天的数字绘画创作仍然如此,在创作中如果遇到一个不好画的人体姿势时,要请模特摆姿势进行写生、参考。

素描一般分为研究性素描与表现性素描两大类。研究性素描也称素描习作,注重再现写生对象,要对写生对象进行深入细致的研究,达到充分理解的程度。研究性素描不要求画面完整,也可以仅对写生对象某一局部进行研究,采用结构素描或者调子素描的绘画形式都可以(图5-22、图5-23)。表现性素描不是真实地再现写生对象的素描,是在充分理解与把握对象的基础上,主观地采用概括、变形与夸张等处理手法塑造物象,或者在技法方面作某些探索与创新。这样的素描可以作为独立的艺术作品而存在,表达画家的艺术观念、表现其独特个性(图5-24、图5-25)。数字绘画素描基础强调绘画基础练习,主要介绍研究性素描以及数字绘画线条与调子表现等内容。有关表现性的、风格化的造型研究会在"项目六 色彩基础"单元进行尝试与探索。

前面已经提到,结构素描属于研究性素描,是素描的一种表现形式,使用线条画出写生对象的透视与空间结构,造型要清晰准确,是构思作品和造型练习常用的表现方式(图5-26、图5-27)。结构素描练习的科目很多,比如静物结构素描、人像结构素描、建筑结构素描等,我们选择基础的静物结构素描为例介绍相关内容。

数字绘画写生练习可以面对实体静物进行写生,也可以进行照片写生。就是将写生对象拍成照片,在电脑屏幕的一边摆放静物照片,一边创建画布进行绘画(图5-28)。这种数字绘画照片写生方式与传统写生方式相比较,虽然不是直接地面对写生对象进行写生绘画,但是却具有很多优势。例如,可以任意地放大、缩小、移动照片,进行仔细观察,写生对象不占用场

图5-22
半身肖像
安格尔(法国)

图5-23
《手》
尼古拉·菲钦
(美国)

图5-24
《全身着衣女子像》
卡尔·提姆勒
(德国)

图5-25 《肖像》 克莱门特
(意大利)

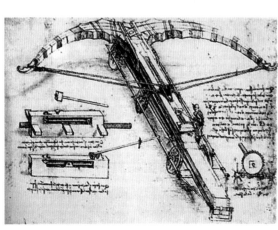

图5-26 结构素描 达·芬奇(意大利)

图5-27 人像雕塑素描 彼得·保罗·鲁本斯(德国)

119

地,可以随时打开照片进行写生练习,不存在自然光线照射下的光影变化问题,不会产生写生静物变质或者写生模特疲倦、姿势变动等问题。另外,还可以拍摄写生对象各个角度的照片或者视频备用查看,便于随时观察、理解写生对象结构,同一组照片可以供多人同时使用,进行练习(图5-29)。当然,互联网上有海量的照片资源,我们也可以在互联网上选择合适的照片进行照片写生的练习。

图5-28　Painter照片写生界面

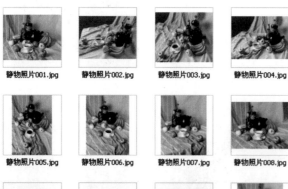

静物照片001.jpg　　静物照片002.jpg　　静物照片003.jpg　　静物照片004.jpg

静物照片005.jpg　　静物照片006.jpg　　静物照片007.jpg　　静物照片008.jpg

静物照片009.jpg　　静物照片010.jpg　　静物照片011.jpg　　静物照片012.jpg

静物照片013.jpg　　静物照片014.jpg　　静物照片015.jpg　　静物照片016.jpg

图5-29　不同拍摄角度的一组静物照片

## 二、静物结构素描范例

### 1. 目的与要求

通过结构素描练习,进行写实造型能力的练习,提高我们对空间立体造型的分析能力、理解能力,进一步熟悉数字绘画软件、适应数字绘画方式,这是我们进行结构素描练习的目的。选用画笔类型不限,可以用硬画笔,如铅笔、炭笔、蜡笔等,也可以尝试油画笔等软画笔画素描。对于初学者来说,建议使用硬质画笔与默认纸纹来模拟现实中的铅笔在素描纸上的绘画效果。我们运用前面入门篇与基础篇介绍过的知识内容,完全可以绘制完成这张结构素描练习。通过练习,尽快把软件的基础操作内容消化吸收掉,达到使用数字绘画工具绘画就像使用现实的铅笔和纸一样的状态,能够全身心投入到绘画创作中去。

结构素描练习要求使用线条表现静物造型的空间立体造型,能准确再现写生对象,其透视、结构、造型的表现准确无误。静物中被遮挡的部分以及物体背面看不到的部分也要适当画出透视结构线条,这些线条能够体现出作者对物体结构造型的分析与理解过程。不得使用"快速克隆"和"使用图层临摹"的方法。

把静物想象成石膏静物,只画静物的结构造型,无须画素描调子表现静物颜色明度、光影、质感等内容。当然,根据画面效果的需要,也可以适当添加少量调子,但要以表现结构为主,调子不要干扰或影响结构线条塑造静物的结构造型。有关调子素描的知识会在后面的人像素描部分进行详细介绍(详见项目五任务三中的调子素描)。

### 2. 绘画过程

(1)准备工作

做好绘画前的准备与设置工作后,在Painter软件中创建一张画布。选择画布纸纹为"基本纸纹",选择【铅笔】→【颗粒覆盖铅笔3】变量。关于笔迹追踪、创建画笔、存储画笔、存储面板布局等准备工作,在前面的内容中已有介绍(详见项目三任务一绘画前的设置)。

(2)观察与分析写生对象

由于人的双眼之间有一定的距离,我们在使用双眼观察静物实物时,看到的静物有空间感、立体感。因此,在进行实物静物写生时,常常采用单眼观察、单眼测距的方法,保持观察位置固定不变,将写生对象在二维平面的画布上再现出来。这种用单眼观察静物的方式,就像用一只眼睛给静物"拍照"。对于数字绘画照片写生练习来说,电脑屏幕上的静物照片和画布都是二维平面的,没有立体感的干扰,我们在绘画的过程中使用

图5-30　静物照片

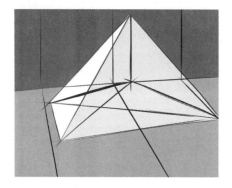

图5-31　静物整体结构分析图

图5-32　单个静物的结构分析

双眼观察即可（图5-30）。

首先，要观察画面的构图，如果除去最前面的苹果，这组静物的整体造型是个稳定的棱锥结构（图5-31）。其次，观察每个单独静物的空间结构。静物摆放在同一水平面上，形成前后的空间层次和透视。背景布与高低不同的静物都垂直于水平面。最后，观察每个静物的造型结构，不要受光影、质感、静物颜色的影响，只观察静物造型结构。例如，苹果是球体、糖包装盒是立方体、啤酒是由两个圆柱体组合而成等（图5-32）。

在观察静物的同时，有必要画一些结构分析草图，帮助我们理解静物结构与透视关系。还可以使用灰颜色简单地画出暗部阴影，立体的空间造型便一目了然了（图5-33）。这些分析草图可以画在新建的小尺寸画布上，也可以在已经创建好的大尺寸画布上直接画出草图。

（3）起稿

正式起稿的画布尺寸设置为A4（宽297毫米、高210毫米）左右大小，分辨率为300 dpi。如果软件运算速度较慢，可裁剪画布或者适当缩小画布尺寸及分辨率。如果是直接在大尺寸画布上画的分析草图，将草图图层的【不透明度】降低为"30%"左右，再新建一个图层，依照草图起稿。在绘画过程中，如果不需要分析草图的辅助时，将草图图层隐去或删除即可。也可以直接将分析草图放大调整到合适的尺寸与分辨率，依照草图进行正式起稿。

写生对象是拍摄的照片，位置关系和空间透视关系是固定不变的。构图时，依据分析图，使用铅笔在画布上快速地"游走"，画出写生对象大体结构，注意画面整体的构图关系以及静物大的块面关系。可以根据需要使用擦除工具删掉多余线条，或者将铅笔的颜色选择为画布颜色，将黑色线条覆盖掉，能起到与擦除工具相同的作用（图5-34）。

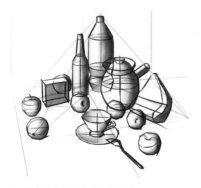

图5-33　简单添加调子观察静物造型

图5-34　起稿

（4）深入与调整

在整体结构、位置关系正确的基础上，根据各个物体的造型特征进行深入分析、刻画。将大的块面细分为小的块面，将结构线条绘制清楚、准确。为了便于把握、理解静物造型，可以画出静物剖面的结构透视线。如果写生对象互相遮挡、看不清结构，可查看其他角度拍摄的照片，理解了静物的立体结构后画出被遮挡部分的结构线。

随着绘制的逐步深入，需要整体观察原照片与画面中静物的位置、比例、角度、空间结构是否一致。观察方法是眼睛快速地左右观看原照片与素描画面，进行对比观察。如果看到局部有造型不准确的问题，需要立刻进行调整修改。作为结构素描习作，画到这个程度就基本达到了结构素描的作业要求，实现了练习目的（图5-35）。

我们在进行绘画练习的过程中，会全身心投入到绘画的世界中去，视觉观察的敏感度也会逐渐降低，甚至所画的物体结构发生变形都无法察觉。这时就需要暂时停下来，适当休息，来"换换脑子"，当继续绘画时就能立刻看出问题所在。还可以使用菜单栏中的【旋转画布】的【水平翻转】画布与【垂直翻转】画布命令翻转画布，换一个角度观察画面，这样的操作能够帮助我们发现结构变形的问题。还有一个方法就是听取别人的意见，观众不论是否有绘画基础，往往会一眼看出画面的问题，所提出的意见都具有一定的参考价值。如果通过以上几种方法确实发现了问题，那就需要大胆地、果断地进行修改。

初学者进行静物结构素描练习时，不必过多注意线条的美感及绘画形式美感的问题，那是在不断地练习中，在逐渐提高绘画水平和绘画技巧的过程中自然而然产生的绘画效果。因此，不要怕出现线条画得不漂亮，画面脏乱，造型不准确等情况，画错了可以进行修改或者擦掉重画。

（5）细节刻画

进一步深入刻画各个静物的细节，同时对个别不准确的结构进行修改调整。适当画上一些光影调子，尤其是前面的几个苹果，这样使画面的中心落在了咖啡杯上，形成了前后虚实对比。这张习作虽然使用了调子，但是没有表现静物的颜色明度与质感等内容，研究重点仍然放在静物的造型塑造方面（图5-36）。完成这张结构素描练习后，将文件存储在指定文件夹中。

### 三、线条表现与拓展练习

我们在画静物结构素描的时候，画笔的线条粗细与属性设置可以根据自己的习惯与喜好进行调节。运笔的方式也没有绝对的标准，不论是短线条、长线条，多线条形成的复线，还是

图5-35　深入与调整

图5-36　静物结构素描　母健弘

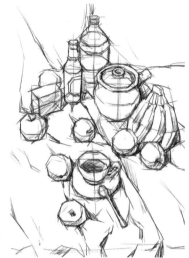

图5-37 静物结构素描 刘畅

图5-38 静物结构素描 廖睿宇

清晰的单线,都可以。重要的是要能够达到结构素描练习要求,实现练习目的。线条与笔触暂时不够成熟也没关系,随着练习的不断深入,线条的绘画技巧会逐渐成熟起来(图5-37至图5-40)。

在画好一组静物结构素描之后,可以尝试进行一些拓展练习,课堂练习的科目与时间毕竟有限。拓展练习就是在较好地完成基础练习之后,增加练习难度,给自己额外增加的练习。例如,静物转面练习,或者增加静物的数量,或者摆放造型更加复杂的静物等。

转面练习就是在已经画好的静物结构素描基础上,依靠空间想象力,变换一个新的观察视角与位置,再画一张这组静物的结构素描(图5-41)。可以参照已经完成的结构素描及不同角度拍摄的照片进行绘制。这就需要在头脑中建构出三维立体的静物造型,才能将转面的静物结构画对、画准。静物结构素描与转面练习能训练学生对静物空间造型结构的理解力和空间想象力,提高绘画造型能力,为将来的专业学习打好基础。

图5-39 静物结构素描 李钰

图5-40 静物结构素描 张梦珂

图5-41 静物结构素描转面练习 唐杰

图5-42　迪士尼动画电影《伊老师与小蟾蜍大历险》四张原画

例如,动画角色转面练习是原画设计工作的基本功,原画师在掌握了动画角色造型后,能够在头脑中想象出立体的角色造型做出抬头、转头、转身等各种动作,能够画出正确的原画角色转面造型。绘制角色原画造型的要求更为严格,角色造型必须准确无误,符合运动规律与动画原理(图5-42)。

## 任务三　人像素描

　　相对而言,人像素描要比静物素描难掌握。人像素描不仅涉及复杂的人头颈部造型结构,还涉及用素描调子表现光影与质感,最重要的一点是要表现出人像的面部特征与个性气质。

　　人像素描的练习可以简单地划分为人像结构素描与人像调子素描两个阶段,人像结构素描是人像调子素描的基础。常用的人像素描练习方法有三种。第一种,将人像结构素描、人像调子素描分为两个独立的单元进行练习。第二种,先画好结构草图,然后在结构草图的基础上铺光影调子。第三种,在绘制人像调子素描的过程中,结构与光影调子同时进行绘制。

　　在开始人像素描练习之前,先介绍一下有关人像素描的基础知识,包括人头颈部结构、调子素描、绘画过程等内容。

# 一、人头颈部结构

"头颈部"是解剖学术语，人头颈部分为头部与颈部两部分。在进行人像素描写生之前，可以先进行一些前期练习作为准备与铺垫，进行单独的五官素描练习，如眼睛、鼻子、嘴等，或者进行人物石膏像的结构素描练习。在练习中需要查阅相关医用解剖学资料，了解一些人头颈部的骨骼及肌肉知识，研究骨骼转动和肌肉伸缩与人头颈部造型和人脸表情的关系。例如，人头颈部骨骼结构素描、人头颈部的肌肉结构素描。这些练习可以有效帮助我们理解并掌握人头颈部的基本结构与造型。只有这样，才能打好基础，画出造型准确的人像素描作品（图5-43）。

## 1. 结构理解

人的头颈部由头骨、颈椎、肌肉、软骨、皮肤等组织与器官组成，头骨、颈椎与肌肉等组织决定了人头颈部的主要造型和特征。我们研究人的头颈部的解剖学知识，甚至整个人体的解剖学知识，对理解、掌握人体结构与造型有很大帮助，能为绘画创作打下扎实基础。

意大利文艺复兴时期的画家达·芬奇为了研究人体结构，曾经解剖过多具人的尸体，并画有大量素描记录手稿，大师追求真理的精神令人敬佩（图5-44）。在今天的现代文明社会，我们学习人体解剖学知识，几乎没有拿起手术刀研究人尸体的机会，也没有这个必要。我们可以通过视频资料、医用解剖图、书籍等多种途径进行人体器官与结构的学习与研究。可以一边分析研究、一边画结构素描，记录研究的过程、加深印象。可以从不同观察角度多画几张分析图，适当添加阴影调

图5-43　人像素描　阿尔布雷特·丢勒（德国）

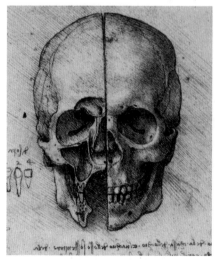
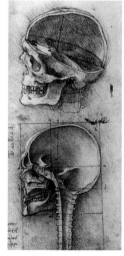

图5-44　人头骨素描　达·芬奇（意大利）

子,以便明确空间结构与位置关系。

　　骨骼上覆盖着肌肉,肌肉的收缩或拉伸会使头颈部产生各种动作,使面部产生丰富的表情。一个表情的产生往往不是一组肌肉伸缩而产生的。比如闭嘴的动作,除了咬肌的作用外,周边的很多肌肉都会有变化。我们了解那些对人脸表情及头颈部动作产生影响的主要肌肉即可(图5-45)。例如,口轮匝肌,它是位于嘴唇四周的圆环形状的肌肉,肌肉收缩可以产生闭唇、嘟嘴等动作。

　　再看颈部,颈椎是脊椎的一部分,它将头骨和胸骨连接起来。颈部的肌肉分布复杂,肌肉的伸缩可以让头部产生各种动作(图5-45)。例如,胸锁乳突肌就是从锁骨到头骨的颞骨乳突连接起来的肌肉,胸锁乳突肌等肌肉的伸缩使头部产生了转动或抬头等动作。

　　基本了解了骨骼与肌肉的知识后,我们面对一个活生生的模特进行素描写生的话,还是会觉得无从下手。那么还需要对人头颈部的空间立体造型进行分析,这样对我们的素描写生练习会有很大帮助。我们使用前面介绍过的结构素描的方法进行造型分析练习。

　　从整体来观察,可以把人的头部看作是一个立方体的盒子,脖子类似一个圆柱体,而肩膀类似一个球体的一部分,将三个立体的造型组合在一起(图5-46)。

　　然后,再根据这个大的结构进行细分,就像用刀切掉多余的部分一样,归纳出大的块面结构,这样就可以基本理解人头颈部的空间造型了(图5-47)。

　　人体肌肉层的上面是皮肤组织,它覆盖、包裹着我们的身体。我们知道人的体表是光滑的,这就需要在整体块面结构分析的基础上塑造弧度造型。可以想象一下,使用砂纸或锉刀打磨掉那些棱角,进一步雕琢出五官细节,这与雕塑的过程非常相似。

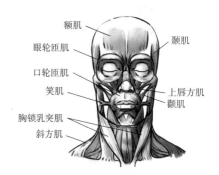

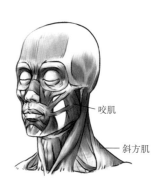

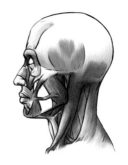

图5-45　人头颈部主要肌肉分析

图5-46　整体结构分析图

127

图5-49　原照片

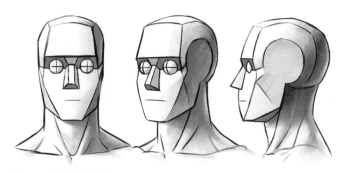

图5-47　块面结构分析图

然后，通过结构素描的方式进一步分析人头颈部的局部结构。线条要用于表现结构，可适当添加调子，深入画出眼睛、鼻子、嘴和耳朵的结构细节，画细节时要注意保持局部造型的位置不变（图5-48）。

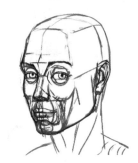

图5-50　依据结构分析图画
出五官

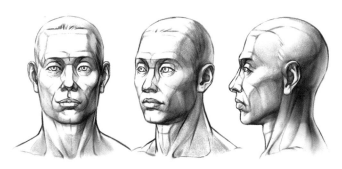

图5-48　细节结构分析图

图5-51　依据结构分析图画
出明确结构线条

每个人都具有的人的共性特征，这些共性特征都可以归纳到标准造型中去，这是我们掌握造型的基本方法之一，我们把这个具有"标准造型"的人叫作"标准比例"或"标准人"。我们掌握了人头颈部造型后，头脑中就会有一个三维立体的"标准人"造型，当我们进行人像素描时，就会以这个标准造型作为参考标准进行绘制。在绘制不同种族、不同年龄、不同性别的人头造型时，需要参考头脑中的这个"标准人"，对"标准人"的局部进行微调即可。

下面，画一个小练习。任选年龄、性别的人像照片，结合头脑中建立起来的"标准人"头颈部造型，尝试画一下人像的结构素描，分析头部块面结构（图5-49）。创建一个新图层，使用铅笔画出照片模特的结构分析图。画好分析图后，再新建一个图层，依据下层的分析图画出明确的结构线条，画出五官与头发（图5-50、图5-51）。隐去结构分析图，刻画头部细节。将铅笔画笔的【不透明度】属性调节为"70%"左右，用灰颜色画出面部块面分析（图5-52）。注意，我们的这个练习目的是依

图5-52　修饰细节、画出头部
块面结构

据"标准人"进行人像结构分析,不要画的时间过长、不必画成调子素描。

上面介绍的人头颈部的结构分析练习,是画好人像素描写生的基础。关于人像的神态、毛发与服饰、绘画技法、画笔效果等方面的内容,将会在后面的范例中进行介绍。

### 2. 头部基本比例

成人头部的基本比例经常用到,要牢记(图5-53、图5-54)。现实中每个人的具体比例会与这个基本比例略有不同,要根据具体写生对象和创作要求进行调整。例如,不同年龄段的人头部比例是不同的,不同种族的人头部比例也是不同的。

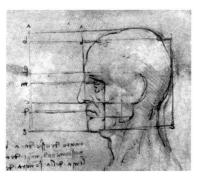
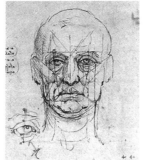

图5-53  人头比例  达·芬奇(意大利)

图5-54  人头正面五官位置比例图

## 二、调子素描

画出一排相同方向的线条,就形成了一个灰面的素描调子,素描调子是塑造形体的重要手段之一。使用素描调子,可以在平面的画布上塑造出虚拟的立体效果,使画中的人或物体跃然纸上,可以表现出写生对象造型表面的微妙变化,表现出造型的光影、质感与颜色明度。当然,驾驭好素描调子并画好一张调子素描的前提是要充分理解造型结构并能够运用熟练的绘画技法进行表现。

### 1. 调子

传统调子素描最常用的方法有排线法与涂抹法等方法。排线法可以用线条画出一个灰的面,线条的深浅、排线的密度、排线交叉都能产生深浅不同的调子及绘画效果(图5-55至图5-57)。如果是用碳条或碳棒画素描,将炭条放倒画,可以画出一个灰面,就不用排线了(图5-58),有时候画家为了达到某种绘画效果还会用手进行涂抹。画纸除了白纸,还会用到有颜色的纸,那么纸本身的颜色就是灰色的调子,可以用白色铅笔或粉笔进行提亮,也可以同时使用深色铅笔画深色调子。这样就形成了明度色阶(图5-59)。另外,毛笔、钢笔、粉笔等画笔都

图5-55  人像素描  拉斐尔(意大利)

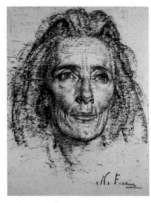

图5-56　人像素描
达·芬奇(意大利)

图5-57　人像素描　米开朗琪罗(意大利)

图5-58　人像素描　尼古拉·菲钦
(美国)

图5-59　人像素描　达·芬奇(意大利)

图5-60　《坐着的青年》
伦勃朗(法国)

图5-61　《自画像》　列宾(俄罗斯)

能画出深浅变化的调子,常常用来画素描或速写。例如,伦勃朗的这张素描就是使用钢笔、炭笔与墨水绘制的(图5-60),而列宾的这张自画像也用到了墨水画调子(图5-61)。

使用数字绘画工具画素描调子的方法有很多。与传统的素描画法相比,不仅可以画出各种传统素描的调子,还可以使用不同类型的画笔及调节工具画出富有形式感的调子,表现形式自由多样。

调子的明度由白到黑。素描调子整体上可以划分为白调子、灰调子、黑调子三个部分的调子(图5-62)。当然,还可以进一步划分为五个调子,就是我们经常说的"五调子",即白、浅灰、中灰、深灰、黑,中国水墨画所讲的"墨分五色"也是这个道理。

使用传统纸张和画笔画调子的方法固化了人们对调子素描形式的认识,这跟用排线法画调子素描的传统和训练有很大关系,即使使用的是数字绘画工具也依然会习惯性地使用排线的方法画调子。实际上,对于数字绘画来说,画调子的形式与方法是没有任何要求与限制的,数字绘画工具既可以使用排线

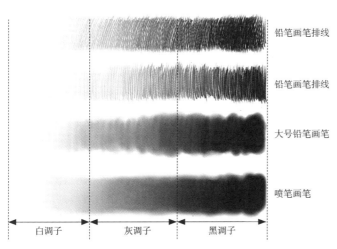

铅笔画笔排线

铅笔画笔排线

大号铅笔画笔

喷笔画笔

白调子　　灰调子　　黑调子

图5-62　调子的明度变化与Painter画笔绘画效果

图5-63　使用Painter油画笔画调子素描
　　　　母健弘

的方法画调子,也可以使用各种数字画笔画出调子,只要能够表现出调子的明度层次,就可以大胆探索使用数字画笔画素描调子的新形式与新效果(图5-62至图5-64)。

### 2. 光影、空间层次、虚实

首先需要分析的是光影。我们知道不同的光源发出的光线是不同的,光线照射在模特头上就会形成丰富的光影效果,我们在二维平面的画布上可以使用素描调子塑造出虚拟的空间立体效果。另外,光源的照射角度不同,光影效果也不同。例如,顺光、逆光、顶光、底光等。在素描写生练习中最常用的打光方式是顶顺光,光源在模特的斜侧上方,类似于日光照射的效果(图5-65)。珂勒惠支这张素描是底光,烘托了人物神情与画面的气氛(图5-66)。而罗丹的这张人像作品画了一个人头三个角度的转面练习,光源是固定光源(图5-67)。

图5-64
使用Painter油画笔画
调子素描(局部)

图5-65　《伊莎贝拉·布兰特的肖
　　　　像》　素描
　　　　彼得·保罗·鲁本斯(德国)

图5-66　《磨镰刀》　铜版画
　　　　凯绥·珂勒惠支(德国)

图5-67　《Henry Becque肖像》　铜版画
　　　　奥古斯特·罗丹(法国)

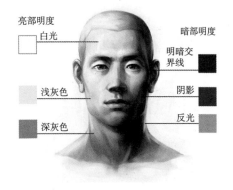

亮部明度
□ 白光
浅灰色
深灰色

暗部明度
明暗交界线
阴影
反光

图5-68　光影调子明度分析

图5-69　人像素描　迈克尔·汉普
顿（美国）

如果单纯分析人像光影调子的变化，我们可以进行石膏人像的写生练习，剔除掉人头部固有色对光影调子的影响，例如皮肤、眼睛、头发的颜色。我们面对真人模特或人像照片进行光影调子的分析与练习时，可以把模特的头颈部想象成一个白色石膏球体，在顶顺光的照射下石膏人像表面形成了亮部、暗部、投影以及反光。暗部在受到环境反射光的影响下，亮部与暗部之间会形成一条阴影线，这条线叫作明暗交界线。从整体上观察，会发现模特头部离光源越近的部位越亮，明度越高。人像亮部的亮度自上而下逐渐衰减，调子明度也逐渐降低（图5-68）。当然，五官的结构与造型要比石膏球体复杂得多，每个局部器官都会形成亮部、暗部、明暗交界线、投影及反光（图5-68），需要在绘画的过程中不断地进行调整，使造型与调子的关系、整体与局部的关系和谐统一。

其次是空间层次。我们可以将人头部分为前、中、后三个空间的层次，我们要使用素描调子画出这种前后的空间层次感。以人正面像为例，第一个层次是眼睛、鼻子、嘴，其中鼻子在最前面，它有棱角，鼻子的皮肤比较光滑，会有高光亮点。之后是脸庞与耳朵位于中间层次，后面的层次是能让侧面"转过去"的边缘。在绘制不同角度人像素描时都可以按这种理解造型的方法进行塑造，拉开前后空间层次、表现出立体感。

最后是虚实关系。笔触与调子要有虚实对比变化，对"虚"的处理可以突出"实"的部分。比如五官刻画得清晰准确，脸庞与脖子等部位的笔触就可以处理得放松些。从局部刻画来看，也同样存在虚实关系处理的问题。例如在这张迈克尔·汉普顿画的习作中，光线照射下的眉弓形成了明暗交界线，产生阴影与投影，我们使用深色刻画明暗交界线，就会使眉弓清晰而向前凸起，而阴影内的眼睛就可以处理得相对虚一些，形成虚实对比（图5-69）。总之，画面中的"虚"与"实"无处不在，是个相对概念，虚实的对比程度根据画面所需的效果而定。将人像素描的虚实对比关系处理好，可以增强造型的空间立体感，可以塑造出生动的画面节奏感与绘画形式美感。

### 3. 颜色明度与质感

在人像调子素描中，写生模特是有颜色的，并不是白色的石膏像。不同的颜色具有不同的明度，人头各部分的颜色不同，要使用不同明度的调子进行表现。首先，头发、眉毛与眼睛黑眼珠是黑调子，眼睛的瞳孔是最黑的地方。其次，皮肤是黄色，整体的调子为灰色调子，在光影的作用下又形成了不同的明度变化。最后，还要注意到人的嘴唇颜色深于皮肤的颜色，使用的灰调子要深于皮肤的灰调子。

在开始画一张人像素描之前，要观察写生对象的调子分布，进行"黑、白、灰"调子的归纳与分析，这样才能控制好调子的使用范围。假定从白到黑分成0至100的明度色阶，对人像颜色明度进行归纳，头发的黑色块色阶是90至100左右，脸部及脖子的皮肤颜色明度相同，因受到光线影响，可以分为深灰和浅灰两部分，深灰色阶是50至70左右，浅灰色阶大概是20至30左右，而白色衣服的色阶是0至10左右（图5-70）。

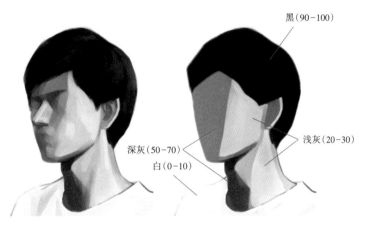

黑（90-100）

深灰（50-70）

白（0-10）

浅灰（20-30）

图5-70  人像颜色的明度分析

使用数字绘画工具可以将一张彩色照片的色彩模式从RGB模式转变为灰度模式，去除色彩关系后，黑、白、灰的调子关系就一目了然了。不要用降低饱和度的色彩调节方式去除颜色。

人头各部分的质感各不相同，需要使用调子才能表现出这种质感。首先是眼睛，眼球光滑、湿润，有高光和反光，具有玻璃球体的质感。上下眼睑即眼皮，覆盖在眼球表面，有一定厚度。"眼睛是心灵的窗口"，人眼是人像素描刻画的重点，掌握了人眼的结构与透视才能画好眼睛。其次是皮肤，需要注意不同年龄模特的皮肤状态是不同的，老年人的皮肤皱纹多而且粗糙，年轻女孩的皮肤光滑而富有弹性，嘴唇要比皮肤更湿润、更有光泽。最后是头发或胡须，它是由千万根发丝组成的，自然状态下头发蓬松、有光泽。要注意的是不同发型与不同颜色的头发表现。画调子的时候一定要注意质感的问题，既不要画成没有质感区分的石膏像，也不要把质感画得太过（图5-71）。

图5-71  五官质感表现

## 三、人像素描写生范例

人物、动物、静物、风景等科目都可以作为调子素描的练习内容，本单元以人像调子素描写生范例进行介绍，其他的素描科目可以作为拓展训练内容。

### 1. 目的与要求

人像素描写生练习是有目的、有针对性的绘画练习，写实性绘画是练习的基础和前提，不要进行风格化形式表现的创作。人像素描写生要求构图完整，造型准确不能变形、表情生动自然、人物鲜活，线条与调子的表现形式具有绘画的形式感。先进行人像结构素描分析，然后再绘制素描调子。不仅要研究光影、空间层次、虚实、人像颜色明度与质感等问题，还要尝试使用各种画笔及其变量练习调子的形式表现。

人像素描写生采用照片写生的方式练习。照片可以自己拍摄，也可以选择照片素材。由于我们进行人像素描照片写生的目的明确，就是基础性的人像研究性素描，因此对于人像照片的拍摄和选择要符合练习要求。首先，要看清楚模特头颈部的造型，尤其要看清楚人像模特的五官及脸庞。因此要避免那些影响我们观察模特造型的装饰性元素，比如帽子、围巾等。女模特要束发，避免五官被头发遮挡，女模特不要化浓妆。模特的表情要自然。最好选择在室内进行拍摄，不要在直射的强光下拍摄。其次，要拍摄一组不同角度的照片，例如正面、斜侧面、正侧面等。再选择其他角度拍摄几张，例如俯视、仰视等角度。使用普通的数码相机或手机拍摄的照片就可以满足人像写生练习的要求，没有必要使用过于专业的摄影设备。从拍摄的照片中选择一张进行照片写生，其他照片可以在写生的过程中作为参考辅助，或用于人像转面拓展练习。

### 2. 绘画过程

范例中这张人像调子素描写生作品是采用先进行人像结构分析，然后直接画调子素描的方法。下面，介绍绘画过程与绘画技巧。

在开始进行写生之前，必须做好绘画前的准备与设置工作。设定好画布尺寸及分辨率，我们使用Painter进行绘画。创建一张画布，画布纸纹选择【基本纸纹】，画笔选择【铅笔】→【颗粒覆盖铅笔3】变量。关于笔迹追踪、创建画笔、存储画笔、存储面板布局等准备工作，在前面的项目中已有介绍（详见项目三任务一绘画前的设置）。

（1）结构分析与起稿

做好准备工作之后，观察模特的年龄、性别、面部特征与气质、表情，注意模特与头脑中的"标准人"相比有哪些结构变化，根据已经掌握的人头颈部结构基础知识，绘制模特头颈部基本结构。

先画一张模特的结构分析草图，在画的过程中对模特结构进行分析与研究。在【图层】面板中创建一个新图层，并将该新图层命名为"结构素描分析"。然后，选择铅笔画笔，画出人头部结构块面，大胆地画出结构线与透视线，不准确的地方可以修饰掉。在调整与修改的过程中逐渐明确五官的基本结构与位置关系，注意脸部块面的微妙变化，画出准确的人像造型结构。不用表现光影与调子，这个阶段实际上就是画结构素描（图5-72）。

（2）深入与调整

画好头部基本结构后，将起稿用的"结构素描分析"图层的【不透明度】设定为"30%"左右。然后再创建一个新图层，命名为"深入结构调整"，将图层的【混合方式】设置为"正片叠底"。参照下层的"结构素描分析"的同时观察模特，在"深入结构调整"图层上进行深入绘制与调整，画出五官细节、头发、脖子与衣领（图5-73）。一边深入刻画细节结构，一边调整线条明度、删除多余线条。画笔选择白色后，也可以作为橡皮擦使用。

（3）光影与调子

单击"结构素描分析"图层最左边的眼睛图标，将该图层隐藏，直接在"深入结构调整"图层上画素描调子。在铺调子过程中控制好线条的深浅明度，注意光影、质感、颜色明度的表现，逐渐深入刻画，塑造形体（图5-74）。这里使用小号铅笔用排线法画调子，还使用了调和笔进行润色、调节过渡。

画好人物脸部及衣领的调子后，最后画头发的调子。使用了【油性蜡笔】的【矮胖油性蜡笔10】变量与【铅笔】的【颗粒覆盖铅笔3】两种画笔变量。首先，将已经画好的"深入结构调整"图层的【混合方式】设置为"正片叠底"。然后，创建一个"头发调子"图层，把该图层放置在"深入结构调整"图层下面（图5-74）。使用【油性蜡笔】中的【矮胖油性蜡笔10】变量

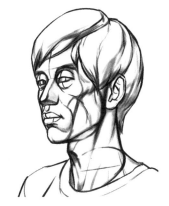

图5-72　结构素描分析

图5-73　深入绘制人像结构

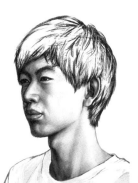

图5-74　在新图层中画头发调子

画头发的颜色,这样的绘画方法可以快速画好头发色调,也可以避免破坏已经画好的头发线条,方便修改。头发的细节使用【铅笔】中的【颗粒覆盖铅笔3】变量在"头发调子"图层和"深入结构调整"图层上分别进行绘画。

最后进行细节的调整。擦除掉多余的线条,使用照片笔整体微调一下局部的明度,这张人像素描练习就完成了(图5-75)。

## 四、线条与调子表现

### 1. 线条表现

每个人对数字绘画工具的熟练程度不尽相同,运笔的习惯与笔触各不相同,对于造型的理解程度、绘画水平也各不相同,这些因素都会影响到画面效果。但是对于写生基础练习来说,人像的结构造型不能脱离写生对象任意变形,在画布上要准确再现写生对象、正确理解写生对象的立体空间结构、针对绘画造型能力进行练习。除了这一点,在画笔类型的选择、线条形式、笔触笔法等线条表现形式方面都可以进行尝试与探索(图5-76至图5-79)。

### 2. 调子表现

数字画笔画出的调子,表现形式多种多样。不论使用硬质画笔、软质画笔,还是喷笔等画笔,只要能够画出黑白灰调子就可以大胆尝试、使用。关键是通过画调子、控制调子的黑白灰关系,画出结构与造型正确的、生动传神的人物形象,实现练习的目的。在这些范例中除了使用绘画软件中的铅笔,还大胆尝试使用喷笔、油性蜡笔、水粉笔、调和笔等不同类型的画笔画素描调子,实现了不同的绘画效果(图5-80至图5-84)。

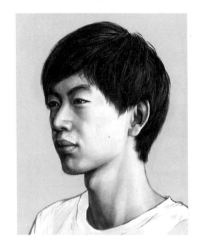

图5-75  人像素描  母健弘

图5-76  Painter铅笔  张燕

图5-77  Painter喷笔  王奕

图5-78  Painter铅笔  朱志华

图5-79  Painter铅笔  闫晨

图 5-80　Painter 铅笔与调和笔　　图 5-81　Painter 铅笔、喷笔、调和笔　　图 5-82　Painter 铅笔、喷笔、调
　　　　林业通　　　　　　　　　　　　　陶媛　　　　　　　　　　　　　和笔　杜瑜颖

## 任务四　人体结构与造型

　　从人头颈部结构与造型扩展到整个人体的结构与造型，学习难度会大幅增加。一方面，需要了解的知识内容更多了。人像素描单元学习的人头颈部只是人体的一部分，还需要进一步学习人体其他部位的骨骼与肌肉的解剖学知识，掌握人体运动规律及动态造型。另一方面，与内容相应的练习也将增加，将进行人体素描（人体结构素描、人体调子素描、着衣人体素描）、人物速写（静态速写、动态速写）的练习。

　　前面一个任务的"人像素描"是数字绘画造型基础的重点学习内容，所介绍的绘画造型方法与绘画技巧同样适用于"人体结构与造型"这一任务，只不过是内容和学习难度增加了。对于人体结构与造型的深入研究也是角色设计、插画与漫画、原画设计等专业课程的基础教学内容。

图 5-83　Painter 铅笔、喷笔、水
　　　　粉笔　詹璇

### 一、骨骼、肌肉、比例

　　人体结构与造型非常复杂，共有 206 块骨骼，600 多块肌肉。我们如何掌握这么复杂的人体造型呢？

　　第一，分层次。沿用前面人像素描中介绍的方法，对人体结构与造型进行一般性的、规律性的总结与归纳。从骨骼、肌肉，再到人体表面形态，由内而外分三个层次、逐渐深入地进行研究。在绘画练习的过程中逐渐理解造型，直到最终掌握人体结构与造型。第二，进行概括。将细碎的骨骼与肌肉进行成组、归为一块。例如，胸廓的骨骼包括肋骨、胸骨与一部分脊椎，我们可以将整个胸廓想象成一个类似椭圆的造型，而忽略肋骨的数量，每节脊椎骨的具体形状等细节。再例如，上肢和手的肌肉非常细碎、复杂，可以按肌群归为一大块，这样就方便我们理解了。第三，进行简化。要抓住重点和主要学习内容，

图 5-84　Painter 铅笔、油性蜡笔、
　　　　调和笔　施晴雪

舍弃细小的、琐碎的、不重要的内容。例如,人的大脑、内脏很重要,但是几乎不会画到它们,那么就可以忽略不计。最后,一定要查找那些介绍翔实、准确的人体解剖学资料,避免理解错误。在国内外的艺用人体解剖学书籍中、在网络资源中都可以方便地找到。

了解人体骨骼、肌肉、人体比例等知识能够有效帮助我们掌握人体结构与造型,打好绘画造型基础。

### 1. 人体骨骼

人体骨骼是人体的支架,可以分为四个部分,即头骨、躯干骨骼、上肢骨骼和下肢骨骼。关节有各种类型,有大有小。大的关节,例如上肢的肘部关节,连接了肱骨、尺骨和桡骨三根骨头。小的关节,例如手指的指关节。关节不仅起到连接骨的作用,骨骼的运动也要靠关节,骨骼的运动导致人的形体产生变化。图例中用红圈标出的位置就是人体重要的几个关节(图5-85)。

为了便于理解与研究。图例中的骨骼进行了简化处理,保留了主要的骨骼造型特征,例如将胸廓归为一个椭圆形,关节处画成圆的关节,而没有画成分开的骨头等。另外,画出了正面、前斜侧面、正侧面、后斜侧面、背面五个角度的人体骨骼分析图,就像一个三维立体的骨骼在空间中旋转,可以从不同角

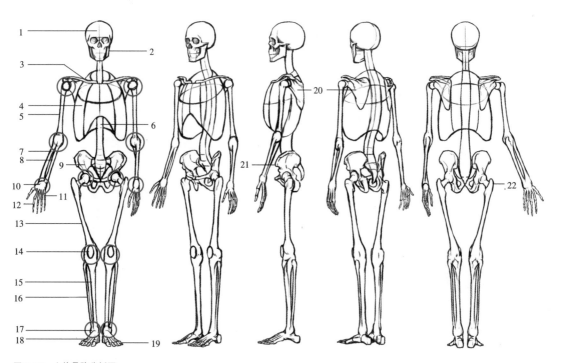

图5-85　人体骨骼分析图

1.头骨(脑颅骨、面颅骨)　2.下颌骨　3.锁骨　4.胸廓(含胸骨、肋骨、胸椎)　5.肱骨　6.脊椎骨　7.桡骨　8.尺骨　9.骨盆(含髋骨、骶骨、尾骨)　10.腕骨　11.掌骨　12.指骨　13.股骨　14.髌骨　15.胫骨　16.腓骨　17.跗骨　18.跖骨　19.趾骨　20.肩胛骨　21.髂前上棘　22.大转子

度观察骨骼整体的结构与造型（图5-85）。

### 2. 人体肌肉

骨骼和肌肉是一个整体，骨骼本身无法运动，要依靠附着在骨骼上的肌肉的收缩与拉伸产生动作。肌肉是活动的，在拉伸和收缩时会发生变形，依靠强韧的腱附着在骨骼上。例如，三角肌可以使肩关节外展，还可以使肩关节向前或向后伸，使上臂产生上下、左右、前后的展开动作。

人体的肌肉同样可以分为头部、躯干、上肢和下肢四部分。除了我们比较熟悉的皮下肌肉，在表层肌肉下面还穿插着很多的下层肌肉，例如在骨盆内侧、肩胛骨下、下颌骨内侧等深层都有肌肉。这些下层的肌肉一般可以忽略。我们只研究能够对人体形态产生直接影响的肌肉即可（图5-86、图5-87）。需要注意的是，肌肉并没有将骨骼全部密封包住，在锁骨、胸骨、尺骨鹰嘴、髌骨等处没有覆盖肌肉，是人体的"骨点"。

为了便于理解，在人体肌肉分析图中，使用不同颜色来区分几个大的肌肉块，细碎的肌肉与肌肉群可以和大肌肉块合为一块肌肉（图5-86、图5-87）。人体肌肉图例与人体骨骼图例的五个角度相同，可以互相参照，比较位置。

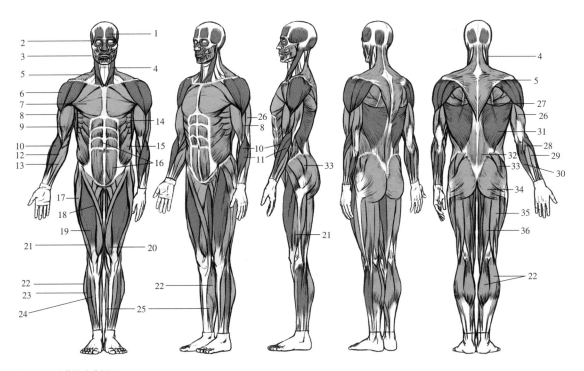

图5-86　人体肌肉分析图

1. 额肌　2. 颞肌　3. 咬肌　4. 胸锁乳突肌　5. 斜方肌　6. 三角肌　7. 胸大肌　8. 肱肌　9. 肱二头肌　10. 肱桡肌　11. 桡侧腕长伸肌
12. 桡侧腕屈肌　13. 掌长肌、指浅屈肌　14. 前锯肌　15. 腹外斜肌　16. 腹直肌　17. 扩筋膜张肌　18. 缝匠肌　19. 股直肌　20. 股内肌
21. 股外肌　22. 腓肠肌　23. 腓骨长肌　24. 胫骨前肌　25. 比目鱼肌　26. 肱三头肌　27. 大圆肌　28. 肘后肌　29. 指总伸肌　30. 尺侧腕
伸肌　31. 背阔肌　32. 骶棘肌　33. 臀中肌　34. 臀大肌　35. 股二头肌　36. 半腱肌

### 3. 人体比例

人的比例通常是以人头的高度作为单位来测量人的高度及其各部位的长度。掌握基本的人体比例能够快速把握人体造型，是画好人体必须了解的基础内容。不同时代的画家都对人体比例进行过深入的研究，如达·芬奇（图5-88）、米开朗琪罗、阿尔布雷特·丢勒等。

通常人的高度为七个半头高或八个头高。我们以七个半头身高的人体为例，颏底线至乳头为一个头高，乳头至肚脐眼为一个头高。耻骨与大转子一线是身高的二分之一处，男性肩膀宽度为两个头高的长度（图5-89）。在人体比例分析图中，人体是根据人体骨骼与肌肉分析归纳的人体块面造型。

男女比例略有不同，主要是肩宽、腰宽与骨盆宽度的比例不同。男性身体最宽的部位是肩膀，女性骨盆两侧的大转子连线宽度较宽（图5-90）。人体表面覆盖着皮肤与脂肪层，使得肌肉的块面变得不明显。观察人体的表面，并不存在明显的几何结构切面，而是变化丰富的凸凹弧度造型。经常进行身体锻炼的人，他们的肌肉线条要比普通人的肌肉线条硬朗一些。女性的肌肉结构与男性是相同的，但是男性的肌肉要比女性发达一些。女性身体表面肌肉不明显，皮肤有弹性，富有弧线美感（图5-90）。

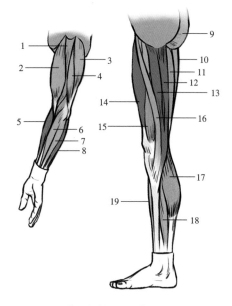

图5-87　人体肌肉分析图（上肢与下肢内侧视图）

1.喙肱肌　2.肱二头肌　3.肱三头肌　4.肱肌　5.肱桡肌　6.桡侧腕屈肌　7.掌长肌、指浅屈肌　8.尺侧腕伸肌　9.臀大肌　10.股二头肌　11.半腱肌　12.股薄肌　13.长收肌　14.股直肌　15.股内肌　16.缝匠肌　17.腓肠肌　18.比目鱼肌　19.胫骨前肌

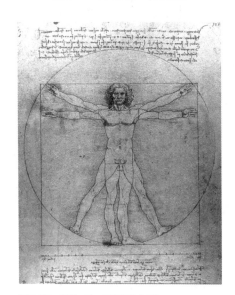

图5-88　素描　达·芬奇（意大利）

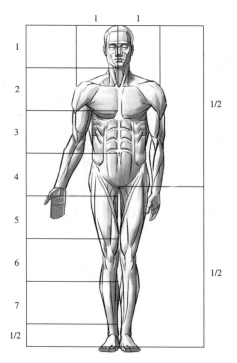

图5-89　人体比例分析图

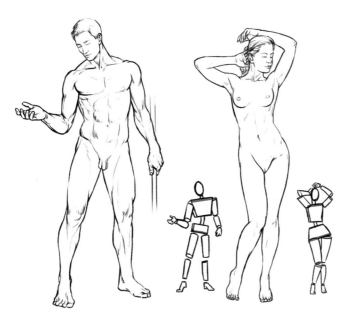

图5-90　男女人体比例区别

## 二、人体素描

　　学习了人体的骨骼、肌肉、比例基础知识之后，仍然很难单凭想象就画准不同姿势的人体造型。这就需要进行人体素描写生练习。

　　我们进行的人体素描是基础性的研究性素描，在画人体素描的时候要观察模特的特征，如性别、年龄、种族等。根据解剖学知识及头脑中的"标准人"来理解写生对象造型。如果直接画人体素描有难度，可以先进行人体局部素描练习（图5-91至图5-94），再进行人体全身素描的练习（图5-95至图5-100）。对头颈部、躯干、胳膊、腿、手、脚等人体局部进行研

图5-91　素描　达·芬奇（意大利）

图5-92　素描　阿尔布雷特·丢勒（德国）

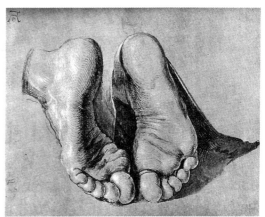

图5-93　素描　阿尔布雷特·丢勒（德国）

图5-94 素描 阿尔布雷特·
丢勒（德国）

图5-95 素描 米开朗琪罗（意大利）

图5-96 素描 彼得·保罗·鲁
本斯（德国）

图5-97 素描 普吕东（法国）

图5-98 素描 米开朗琪罗
（意大利）

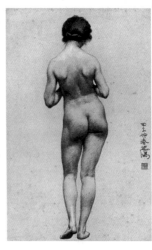

图5-99 素描 徐悲鸿

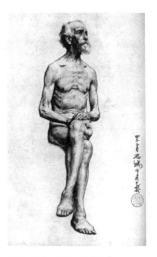

图5-100 素描 徐悲鸿

究性素描练习，没有必要死记硬背骨骼与肌肉的细枝末节，可以把解剖学方面的资料与书籍看作是"字典"一样的工具书放在手边，遇到问题随时查看即可。另外，注意人物的头发、胡须、皱纹等方面也很重要，能够体现人物的特征、性格和身份（图5-94）。

我们使用数字绘画工具，采用照片写生的方式进行人体素描练习。人体素描的绘画时间控制在8个小时左右，人体局部素描练习控制在4个小时左右。结构素描与调子素描的绘画方法与过程与人像素描相同。

在基本掌握了人体造型后，尝试进行着衣人体的素描与速写练习。在画素描或速写时注意衣服褶皱的表现，有褶皱的地方与没有褶皱的地方会形成虚实、松紧的对比（图5-101至图5-105）。

图5-101 素描 达·芬奇（意大利）

图5-102 素描 阿尔布雷特·丢勒
（德国）

图5-103 素描 安格尔（法国）

图5-104 素描 安格尔（法国）

图5-105 素描 潘诺夫（俄罗斯）

衣服包裹着人体，衣服的褶皱直接与人体的姿势、衣服布料的材质有关。形成褶皱的地方一般是肢体弯曲的内侧，比如大腿与小腿之间、上臂与前臂之间等部位。例如胳膊在垂直的时候，圆筒形的衣服袖子与胳膊基本贴合，当胳膊向后伸直时，衣服会因胳膊的动作而被拉出褶皱。如果胳膊向前弯曲，肘部关节凸出，在胳膊弯曲的一侧会产生褶皱（图5-106）。另外，身体扭动也会使衣服褶皱产生变化。例如，正常状态下身体躯干的衣服松弛，与身体贴合。但是当身体扭动、胳膊弯曲时，衣服被拉伸，肩膀与肘部凸出，衣服紧紧地包裹在身体上，产生绷紧的褶皱（图5-107）。

## 三、人物速写

速写就是用画笔快速画出写生对象的练习，风景、人物、动物等都可以作为速写的写生对象。在速写练习内容方面，可以

图5-106 胳膊弯曲引起衣服褶皱的变化

图5-107 身体旋转的衣服褶皱变化

先画人体速写，然后再画着衣人物速写；先画半身速写，再画全身速写；先画男女青年，再画老人与小孩；先画静态速写，再画动态速写，由易到难地进行阶段性练习。可以使用速写本和笔进行速写练习，也可以使用数字绘画工具，采用照片写生的方式进行速写练习。全身的人物照片既可以自己拍摄，抓拍人物动态瞬间，也可以在网络资源中找到所需照片，还可以截取影视剧的静帧画面进行动态速写的练习。

我们练习的内容是人物速写，包括人物静态速写与人物动态速写。静态速写练习时要注意照片中模特的姿势，不要有过于剧烈的动作，选择人体姿势自然的图片（图5-108至图5-114）。

动态速写要比静态速写难画，需要进行大量的练习才能掌握，在进行人物动态速写练习时要将人体结构、人体动态、衣服褶皱等知识融会贯通，进行综合性的速写练习，抓住人物的动作姿态，分析与理解骨骼与肌肉的变化，画出动作协调的人物

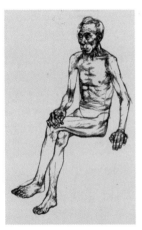
图5-108　人体速写　母健弘

图5-109　人像速写　赵岩

图5-110　半身速写　张燕

图5-111　静态速写　苏文瑄

图5-112　静态速写　贾峥茗

图5-113　静态速写　母健弘

图5-114　静态速写　陈司航

造型(图5-115至图5-117)。

　　人物动态是人体的整体变化，可以先用画笔快速画出人物动作的动态线和姿势草稿，在这个阶段画笔要快速在画布上"游走"，用几秒钟就画出几条人体的动态线条，抓住那个你想画的动态瞬间。当画完动态线条后，写生对象的姿势可能已经有所变化，这时就要凭印象进行默写与完善，同时参照已经改变姿势的写生对象将速写完成。因此，动态速写一般会画得比较潦草、随意，重点就在于抓住人物生动的动态造型(图5-118至图5-123)。

　　在进行了人体素描与速写的练习后，下面进行一个角色设计的测试练习。要根据头脑中的"标准人"和人体姿势照片资料，尝试设计并绘制一个写实风格的全身人物角色，人体结构与造型不要进行风格化的变形与夸张。自定人物所在时代背

图5-115　人体素描　米开朗琪罗(意大利)

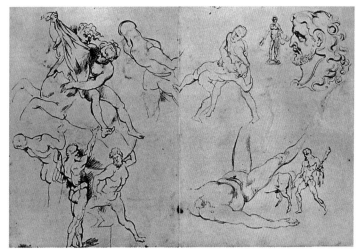

图5-116　人体动态速写　彼得·保罗·鲁本斯(德国)

图5-117　人体动态分析图　伯恩·霍加思(美国)

图5-118　速写　伦勃朗(荷兰)

图5-119　速写　伦勃朗(荷兰)

景、人物性格与身份，也可以画一个想象中的人物。重点是设计好角色的姿势与动作，画好人体的结构与调子。要想画出一个造型准确、结构正确的角色形象，就要将前面介绍过的知识融会贯通，还要发挥想象力、创造力。

如果在绘画的过程中某个部位画不好，不够明确，就要想办法解决问题。可以查找近似的人体照片作为参考，也可以查找人体骨骼与肌肉的图片资料与工具书进行研究，还可以找模特摆出想要的角色动作，拍成照片进行参考，直到最终画好某个姿势的人体造型。只有一个问题接着一个问题地解决，才能不断进步，最终彻底掌握人体的结构与造型，将"死"的人体结构知识"活"用（图5-124、图5-125）。

图5-120　速写　列宾（俄罗斯）

图5-121　速写　门采尔（德国）

图5-122　速写　徐悲鸿

图5-123　速写　徐悲鸿

图5-124　《山海经——蚩尤》　母健弘

图5-125　《侠客》　母健弘

作业

素描写生课堂练习。采用照片写生的方式,选择铅笔、炭笔等硬质画笔绘画,配合使用调和笔、特效笔等调和画笔。在绘制过程中要执行"反复存储"命令,保存过程文件。

下课完成并提交作业,下次上课进行作业观摩与讲评。

1. 静物结构素描

任选一个拍摄角度的静物照片,绘制一张静物结构素描写生作业,4学时左右课堂练习。构图完整、造型准确不能变形,尽量不使用素描调子,剔除静物的色彩、光影、质感等要素。不能使用"快速克隆"工具。

将画布尺寸的宽或高设置为15厘米以内,分辨率为300 dpi,横版、竖版任选。如果文件太大,影响了软件运算速度及画笔正常使用,可以适当缩小画布尺寸及分辨率。

2. 人像调子素描

任选一个拍摄角度的人物胸像照片,绘制一张人像调子素描写生作业,4学时左右课堂练习。所画模特应是亲戚、朋友、同学等自己认识的人。

人像素描要求构图完整,造型准确不能变形,表情生动自然。表现出人像的光影、空间层次、虚实、人像颜色明度与质感等素描关系,线条与调子的表现形式具有绘画的形式感。不能使用"快速克隆"工具。

画布尺寸不得大于A4(21×29.7厘米),分辨率为300dpi,竖构图。如果文件太大,影响了软件运算速度及画笔正常使用,可以适当缩小画布尺寸及分辨率。

在过程文件中要有一张人像结构素描的过程文件。

3. 课后速写与素描练习

人物静态速写5张、人物动态速写5张、人体骨骼分析图1张、人体肌肉分析图1张、人体调子素描1张,使用物质材料的纸和笔或者数字绘画工具绘画都可以。练习采用照片写生方式,所使用的照片素材自选。

# 项目六 色彩基础

● **项目提要**

　　本项目将介绍数字绘画色彩基础知识，并通过绘画范例讲解人像色彩、风景色彩的相关绘画技巧。

● **关键词**

　　三原色；色彩三属性；光；人像色彩写生；风景色彩写生；透视；风格化形式表现

**项目六**
**色彩基础**

色彩是重要的造型手段之一,色彩写生是绘画的基础练习内容。色彩练习要比素描练习难一些,我们在进行了素描基础练习之后,需要学习色彩基础理论知识并进行色彩绘画练习。

数字绘画色彩练习的重点内容是色彩写生。学生在观察、分析写生对象的同时,使用数字绘画工具进行写生练习,逐渐掌握色彩艺术规律。色彩写生的基础练习科目有静物色彩、人像色彩与风景色彩等,本项目将主要介绍人像色彩与风景色彩的内容。除了进行色彩写生练习之外,可以适当增加风格化形式表现的拓展练习。

## 任务一　色彩基础知识

色彩基础知识就是色彩的绘画规律,这些知识可以帮助我们分析写生对象的颜色关系,掌握色彩塑造形体的方法。但是,在运用色彩进行绘画创作时,要灵活运用这些色彩知识,不能过于理性地解析色彩,也不能"科学"地计算色彩的显示数值,那样做反而会离绘画艺术越来越远。

### 一、三原色

物质颜料的三原色为红、黄、蓝,是色相环中最纯的颜色。任意将三原色中的两种原色进行调和,可以产生新的颜色,称为间色。黄色与红色可以调和出橙色,黄色与蓝色可以调和出绿色,蓝色与红色可以调和出紫色(图6-1)。当然,间色之间也可以互相调和出更多的复色。而数字绘画的颜色是依托于电脑设备而产生的有颜色的光,是通过显示器屏幕呈现出来的虚拟颜色。常用的色彩显示模式有RGB与CMYK两种模式。如果进行数字绘画创作使用RGB显示模式,那么数字绘画颜色的三原色就是红、绿、蓝(图6-2)。

虽然物质颜料的颜色与数字绘画颜色相比存在诸多不同,但是数字绘画工具的颜色拾取、颜色调和等操作与现实中的颜料选择、颜料调和完全一致,画面效果几乎相同。数字绘画软件的设计目标是模拟现实,而不是颠覆人们在生活中长期积累

图6-1　物质颜料的色相环

图6-2　RGB色彩显示模式色相环

151

的绘画经验与色彩常识。例如，在Painter的混色器中，使用红色与黄色能够调出橙色；使用蓝色与黄色能够调出绿色，这与现实中使用物质颜料调和颜色的效果相同。

## 二、色彩三属性

每种颜色都有三种属性，即色相、纯度、明度。色彩三属性也称为色彩的三要素。

第一种属性是色相，它是色彩相互区别的名称，表明了色彩样貌的差异。在色相环中，有冷色、暖色，这就是色性。颜色会让人产生冷或暖的感觉，这与人的生活经验直接相关。例如，蓝色、紫色给人以凉爽的感觉，让人联想到天空、大海、冰块等景象。相反，红色、橙色、黄色给人热烈、明亮的感觉，让人联想到火、沙漠、阳光、麦田等景象。

在物质颜料色相环上任意一条直径两头的颜色互为补色，会形成强烈的视觉刺激。例如红色与绿色、橙色与蓝色、黄色与紫色等（图6-3）。使用色相环中邻近的色相颜色绘画，会让人感觉画面色彩和谐，不刺眼。例如蓝色与绿色、黄色与绿色等（图6-4）。

图6-3 补色色相对比练习 魏俣

图6-4 邻近色相对比练习 陈嘉琦

色彩的第二种属性是纯度，也称彩度。是指色彩的鲜艳程度、饱和度。颜色可分为有彩色与无彩色，无彩色是指没有颜色纯度和色相的颜色，黑、白、灰色都是无彩色。在数字绘画软件中可以方便地使用颜色调节工具调节画面的颜色纯度。纯度越高，颜色越鲜亮饱和；纯度越低，颜色越灰暗（图6-5）。

在绘画创作中，如果想要突出画面中的主体，可以采用增加主体色彩纯度或者降低背景色彩纯度的方法，使主体更加突出、鲜明（图6-6）。

图6-5　高纯度(上)与低纯度(下)效果对比　邢晓楠

色彩的第三种属性是明度,是指色彩的明暗程度。在物质颜料色相环中,明度最亮的是黄色,明度最暗的是紫色。而在数字绘画软件RGB模式色相环中,明度最亮的是黄色,明度最暗的是蓝色(图6-7)。

在数字绘画软件中调节色相、纯度、明度的方法有很多。常用的颜色调节工具就是Photoshop菜单栏【图像】→【调整】中的命令和Painter菜单栏【效果】→【色彩控制】中的命令,两者色彩调节工具的功能基本相同(详见"项目四任务三　颜色调节")。

## 三、固有色、光源色、环境色

固有色就是物体的原色。我们知道日光可以通过三棱玻璃体折射出彩虹般的多种颜色光线。光线照射到物体表面后,除了一部分光线被物体吸收掉了,还有一部分光线被反射出去或发生折射等现象,光线进入人眼后,人感知到的物体颜色就是物体的固有色。例如,光线照射到红色物体上之后,红色光线被反射出去并进入我们的眼睛,我们就看到了红色的物体。实际上,并没有绝对不变的固有色,物体的固有色在不同的光源色和环境色的影响下都会发生变化。固有色的概念是来源

图6-6　灰背景使人物更突出　黄雅琪

图6-7　色相明度对比,色相环转变为灰度

153

于我们在生活中积累的视觉经验。

　　光源色是光源发出的光线的颜色。有色光源对写生对象的影响是显而易见的。夜晚，一栋建筑在红色光源的照射下，建筑的受光面就会被罩上红色。同理，阳光作为光源，其颜色发生变化时，风景中的物体颜色也会发生变化。白天的阳光没有颜色倾向，而在日出或日落的时候，阳光呈现出橘红色，在橘红色光源照射下的景物固有色会发生颜色变化，而背光面颜色则会受到环境光的影响。我们以法国印象派画家莫奈的系列作品《干草垛》为例，画家在不同时间描绘了同一场景的光影与色彩变化（图6-8）。例如，在日出与日落时，光源色是橘红色的暖光，我们看到草垛、草地、树木和天空都被罩上了一层橘红色，画面整体呈现为暖色调。同时，在树木阴影的影响下草垛与草地颜色也产生了差异。阴影中的草地颜色明度要比阳光下的草地颜色明度暗，颜色纯度低。如果没有光线照射到草垛上，草垛不会反射出任何光线，将会是一片漆黑，我们无法看到任何物体。

　　环境色与光源色的原理基本相同，是指一个物体受到周围物体反射光线的影响，物体的固有色会发生变化。任何的物体都不是孤立存在的，物体的亮部与暗部都会受到周围各种光源与环境光的影响，形成色彩丰富、变化微妙的色彩关系。一般光源色的强度会大于环境光，光源颜色对物体固有色的影响也比环境色大，而环境颜色一般对物体暗部产生影响。比如，在法国17世纪著名画家拉图尔的这张色彩静物中，桌子面受到水果颜色的影响，产生了微妙的颜色变化，同时，桌子的颜色作为环境光也影响了白色盘子暗部的颜色（图6-9、图6-10）。

## 四、光影与质感

　　以写生练习为例，色彩写生同调子素描写生一样，都要表现出写生对象的光影与质感效果。但是色彩写生要在素描关系的基础上增加色彩关系的处理，难度有所增加。西方传统绘

图6-8 《干草垛》 克劳德·莫奈（法国）

图6-9 静物 亨利·方丹·拉图尔（法国）

图6-10　静物局部　亨利·方丹·拉图尔（法国）

画中非常注重光线与质感的处理，经典的绘画作品值得我们研究与学习，从中吸取营养。例如，在荷兰画家伦勃朗的作品《戴金盔的人》中，极佳地表现出了光源下盔甲的金属质感，深色背景也起到了对比与烘托作用（图6-11）。再看法国画家拉图尔的作品《木匠圣约瑟》，画面中唯一的光源是烛光，表现了烛光四周微妙的光影与质感效果，与黑暗的环境形成强烈对比。女孩的手遮住烛光，透出红色（图6-12）。

光影效果是物体受光线照射而产生的，光源可以分为自然光与人造光两种。同一光源从不同角度照射在同一物体上，会产生不同的光影效果，例如顺光、逆光、侧光等（详见项目五任务三调子素描中的"2.光影、空间层次、虚实"）。光源的光线也有很多种，如直射光、散射光等。不同的光线从相同的角度照射在同一物体上，物体的光影效果也是不同的。例如，天气晴朗时太阳的光线照在物体上是平行的直射光，物体的明暗交界线与投影边界很清晰，亮部与暗部对比强烈，聚光灯照射物体的光影效果与此很类似。如果是阴天的环境下，日光穿过云层时，光线发生了漫反射，光线向四面八方反射，在这种光的照射下，物体的明暗交界线与投影边界变得柔和、平滑了。

质感来自人们在生活中长期积累的对于物体表面纹理与材质的感知经验，那么绘画时就要表现出物体的这种质感特征。例如，表面光滑的金属球，能将绝大部分光线反射出去，甚至能够反射出周围物体的影子，高光清晰强烈，受光源光与环境光的影响较大，而质地粗糙的白色石膏球体会将光线进行漫反射，从而形成了质感差异。

如要针对光影与质感进行专项练习，可以临摹传统绘画作

图6-11　《戴金盔的人》　伦勃朗（荷兰）

图6-12　《木匠圣约瑟》　亨利·方丹·拉图尔（法国）

品，也可以截取经典电影的镜头画面，进行镜头截图写生练习（图6-13），还可以直接创作一张表现光影与质感的绘画作品（图6-14）。

图6-13 光影质感练习（电影截图写生）李韬

图6-14 光影质感练习（概念设计）母健弘

## 任务二 人像色彩

图6-15 《水果篮》卡拉瓦乔（意大利）

在进行人像色彩练习之前，可以进行静物色彩写生的练习。静物色彩写生要求所画静物的造型与结构准确，画面的素描关系与色彩关系一目了然、和谐统一（图6-15、图6-16）。人像色彩写生与静物色彩写生相比，难度有所增加，在准确表现人头部结构与色彩变化的同时，还要表现出人物的神态与气质等个性特征，人物形象要鲜活、生动（图6-17、图6-18）。在前面的项目中已经介绍了静物素描与人像素描的内容，在这里我们跨过静物色彩，直接介绍人像色彩的内容，避免重复教学。

图6-16 《静物》夏尔丹（法国）

图6-17 《自画像》阿尔布雷特·丢勒（德国）

图6-18 《女孩头像》彼得·保罗·鲁本斯（德国）

下面会通过人像色彩范例介绍数字绘画常用的三种绘画方法与绘画技巧。介绍人像的表情与神态塑造，并进行人像色彩风格化形式表现的练习。

## 一、人像色彩写生范例

人像色彩写生有着明确的练习要求与目的。通过三张绘画范例的示范，让学生掌握数字人像色彩的造型方法与绘画技巧。

### 1. 目的与要求

一方面，进一步熟悉数字绘画软件，掌握数字绘画软件画笔与颜色的使用，了解数字绘画人像色彩的三种常用画法。另一方面，能够将色彩基础知识运用到人像色彩练习中去，训练对造型与色彩的观察与表现能力，能够很好地处理画面的素描关系与色彩关系，提高绘画造型能力。

进行色彩写生练习时，首先要观察写生对象的结构与色彩关系，使用数字绘画工具调和颜色进行绘画，不得直接吸取照片中的色彩或者使用"快速克隆"。写生强调的是根据写生对象进行写实性的写生练习，再现写生对象，造型不能脱离写生对象进行夸张、变形处理，颜色也不能过于脱离现实写生对象进行表现性绘画创作。

写生方式根据具体条件决定，既可以采用照片写生的方式进行练习，也可以直接面对真人模特进行写生。

### 2. 三种常用画法

目前，人像色彩的数字绘画方法有很多，最常用的有三种方法。第一种是先勾线，后上色。这种方法类似于中国画中的工笔画法，属于薄画法，对线条的要求较高。目前，流行的漫画和插画都使用这种方式绘制。第二种是直接使用颜色绘画，属于厚涂法。这种方法类似传统油画的绘画方法。第三种是先画调子素描，然后上色的方法，类似于在黑白照片上叠加色彩，最后再进行色彩调节。这种方法介于第一种方法与第二种方法之间，绘画方式灵活、绘画速度较快，效果较好。

第一种和第三种方法都是先确定人像的造型与素描关系，然后进行上色的绘画方法。而第二种方法则是在起稿后，直接使用颜色塑造形体，同时绘制出素描关系与色彩关系的绘画方法。不论采用哪种方法进行色彩写生练习，都要明确我们练习目的与要求，在实践中逐渐掌握数字绘画工具，逐渐归纳总结出适合自己的一套绘画方法与技巧。初学者可以根据自己的绘画习惯和喜好任选一种方法进行写生练习。下面，分别介绍这三种绘画方法，使用的软件为Painter。

图6-19 选择的画笔工具

图6-20 结构分析图

图6-21 勾线并修饰线条

图6-22 铺色调

图6-23 人像色彩 母健弘

（1）先勾线,后上色

中国画中的工笔画法就是先勾墨线,然后再晕染色彩。与此相似,数字绘画的这种画法也需要先勾勒好线条。在勾勒最终使用的线条前,先勾勒结构草图作为勾线的参考。在画这张人像色彩写生练习之前,先将新创建的画笔与选择的画笔都放入"画笔库"中,有铅笔、调和笔、喷笔、照片与特效笔(图6-19)。

在【图层】面板中创建一个图层,使用【铅笔】中的【颗粒覆盖铅笔3】变量,画出结构分析草图(图6-20)。

然后,在【图层】面板中将结构分析图的图层【不透明度】降低为"30%"左右,然后在"结构分析图"图层的上面再创建一个新图层,图层【混合模式】选择为"正片叠底",参照结构草图绘制最终线稿。可以随时隐去结构分析图层,避免草图干扰勾线。将【铅笔】中的【颗粒覆盖铅笔3】变量的"主要色"选择为白色,对黑色线条进行覆盖与修饰,降低部分线条明度或者直接擦除掉多余的线条(图6-21)。

线条基本画好后进行上色。首先,创建一个上色图层,放置于勾线图层下面。然后,选择大号的喷笔画笔,快速地铺出整体色调,铺颜色的时候不要过于拘泥细节,整体铺一遍后,再进行下一遍的深入与修饰。这样一遍一遍地整体深入(图6-22)。

颜色基本铺好后,使用调和笔进行涂抹、修饰,使颜色过渡变得更圆润、自然。在绘画过程中,还要使用【照片】笔中的【加深】、【减淡】变量调节画面局部的明度,使用特效笔提亮环境光、高光与反光。画面中的头花、五官、耳饰都适当使用了【特效笔】中的【发光】变量,进行了提亮处理。

在深入绘画时,注意不要将模特所有的部位都画得过于细腻,要有虚实变化、松紧变化的对比,这样画面才显得有节奏感。在润色修饰时,适当调节线条的深浅和虚实,还要根据画面需要调节线条的颜色,最终完成这张写生练习(图6-23)。

下面这张照片色彩写生练习使用的画笔与前面的范例不同。传统纸质漫画是使用钢笔或毛笔勾墨线,要求线条严谨、清晰、明确、流畅,线条有压感粗细变化。数字软件的画笔可以模拟出这样的线条,例如Painter的钢笔画笔和铅笔画笔,Photoshop的硬质喷笔、SAI的钢笔等。在这个例子中使用了Painter的钢笔画笔进行勾线,线条勾好后用喷笔与调和笔进行上色,两个画笔的配合使用可以画出过渡圆滑、变化细腻的画面效果(图6-24)。初学者需要多加练习,逐渐熟悉软件工具,最终才能达到运用自如的状态。

（2）直接使用颜色绘画

这种绘画方法比上一种绘画方法要难一些。起稿后,调和出想要的颜色,同时描绘素描关系与色彩关系,直至完成画作。

图6-24　人像色彩　母健弘

起稿阶段用单色铅笔画笔勾勒出基本构图与基本的人像结构造型，无须进行深入刻画（图6-25）。然后使用大的笔触铺颜色，画出大色调（图6-26）。

继续进行深入刻画，配合使用调和笔，让颜色和笔触的过渡自然一些。深入刻画阶段会耗用较长时间，需要不断地调整人物造型，不断地对画面的素描关系与色彩关系进行调整与修改，最终使得画面整体效果和谐自然（图6-27）。

深入刻画出五官、皮肤、头发等细节。使用画笔和调和笔进行反复修饰，使人物面部颜色自然过渡，同时要注意保留绘画笔触感，不要修饰过度，使得脸部过于"油腻"。重点刻画面部造型与细节。

对于局部颜色的微调，既可以直接用画笔修改，也可以使用颜色调节命令调节画面色彩的明度、纯度与色相，直至完成画作（图6-28）。

（3）先画调子素描，后上色

这种绘画方法分为两个阶段：第一个阶段，画调子素描；第二个阶段，进行上色，画出色彩关系。在用调子素描明确整体的黑白灰素描关系后，叠加上不同色相的颜色。不足之处是暗部颜色是由灰色调子和颜色叠加而成的，显得有点脏，需要

图6-25　起稿　　　　　　图6-26　铺色调　　　　　　图6-27　深入刻画　　　　　　图6-28　人像色彩　孙若曦

对颜色进行调整,适当提高颜色的纯度与亮度。

第一步,使用铅笔画笔起稿,画出大的结构造型,然后深入画出明确的结构线稿(图6-29)。

第二步,画出人像各部分的素描调子,可以使用排线画调子的方法,也可以使用大号喷笔或铅笔涂出素描调子,任选一种方法画出素描调子。注意颜色的明度及整体的黑白灰关系,重点刻画面部五官与头发(图6-30、图6-31)。

第三步,上色。将"调子素描"图层的【混合方式】选择为"正片叠底",然后在该图层下面创建一个新图层进行上色,这样上层的"调子素描"图层就能与"上色"图层叠加出色彩的明度变化。同时,在"上色"图层进行上色的方法不会破坏已经画好的调子素描,方便分别进行修改(图6-32)。

第四步,将"调子素描"图层与"上色"图层合层,然后进行整体色彩调整。使用【照片】笔的【减淡】变量将脸部提亮,再使用【特效笔】的【发光】变量画出人物的环境色及头发的亮部颜色。创建一个新图层,使用画笔画出高光部分,例如发丝、鼻子高光等,对于需要提高纯度与亮度的脸颊,可以使用喷笔喷出红润、圆滑的皮肤效果。最后画出背景及雪花,完成这张人像照片色彩写生练习(图6-33)。

图6-29 起稿

图6-30 画出面部与头发调子

图6-31 画上衣服与帽子调子

图6-32
上色

图6-33 人像色彩 母健弘

## 二、表情与神态

人物表情与神态对于人物画的重要性是不言而喻的。人物画的重点就是人的头部，人物表情生动自然、真实，整幅作品才会感染人、打动人（图6-34至图6-36）。试想，不画脸部的人物画将是什么样，一本漫画去掉人物的表情将会是什么样，一部没有角色表情与表演的动画片将会多么无趣。因此，画好人物的表情与神态是人物画的重要练习内容。

图6-34  人像素描
　　　　米开朗琪罗（意大利）

图6-35  《吉卜赛女郎》哈尔斯（荷兰）

图6-36  肖像  门采尔（德国）

在前面的人像素描单元，有着明确的练习目的与要求，模特人像的拍摄和照片的选择都有具体的要求，不能有过于夸张的表情。练习目的是能够掌握正常状态下人头颈部的造型与结构。那么，在人像色彩单元里就应该增加表情与神态的练习，增加练习难度。另外，使用数字绘画工具进行照片色彩写生练习具有一个明显的优势，就是照片凝固了人物表情与神态的瞬间，而真人模特则无法长久保持某一表情与神态。

人面部肌肉的收缩与拉伸以及下颌骨的转动可以让人的脸部产生丰富的表情，能够传达出喜、怒、哀、乐等情绪和情感。人的表情与神态变化并不是脸谱化的，而是变化非常微妙并富于情感的，能够传达丰富的信息、体现人物性格。例如，笑就可以分为很多种，微笑、冷笑、大笑、狂笑、坏笑、傻笑等（图6-37、图6-38）。想要画好人像的表情与神态，就要经常进行速写与写生练习，逐渐掌握人脸做出表情时面部肌肉与造型的变化。

图6-37  人像色彩  吴忠翔

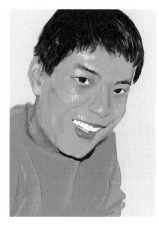

图6-38  人像色彩  汪雨果

## 三、风格化形式表现

人像色彩练习可以分为两个阶段：第一个阶段是尝试使用不同的数字画笔进行人像色彩写生练习，人物造型仍然是写实具象的；第二个阶段是在人像色彩写生基础上进行造型与色彩方面的探索与实验。

### 1. 画笔效果

人像色彩写生的练习鼓励学生尝试使用更多的数字绘画软件及不同画笔进行练习。除了 Painter 之外，还要尝试使用 Photoshop、SAI 软件，在练习中体会不同数字绘画软件的优缺点。

不同画笔能画出不同的笔触效果，直接决定着画面的形式效果。既可以模拟油画、水粉画、蜡笔画，也能模拟彩墨画、水彩画，还可以对数字绘画笔触效果及形式语言进行探索与创新。在练习中，常常会出现学生只用一根画笔从开始画到结束的情况，没有充分利用数字画笔与调节工具的各项功能，使得绘画过程畏首畏尾，耗时较长但画面效果不佳。那么，在这个人像色彩写生的绘画练习中，一定要充分发挥数字绘画工具的优势，只要是能够使绘画更便捷、能够提升画面效果的绘画工具，都可以为我所用，要大胆进行尝试与实践（图6-39至图6-43）。

在人像色彩写生练习基础上，可以增加半身带手及人物全身的拓展练习（图6-44至图6-46）。画全身色彩的话，与画人像色彩基本相同，只不过所画的内容更多，耗时更长。要注意人脸部与手部的刻画，注意人体姿势与画面构图的关系。画好人物之后，适当添加背景。

图6-39 Painter 水墨笔、水彩笔、调和笔 王雅喆

图6-40 Painter 铅笔、喷笔、艺术家画笔、调和笔 翁铭健

图6-41 Painter 铅笔、喷笔、油性蜡笔、调和笔 王新昕

图6-42 Painter 数字水彩笔、油性蜡笔、调和笔 母健弘

图6-43 Painter 蜡笔 范磊

图6-44 半身人物色彩 刘晶晶     图6-45 全身人物色彩 张学强     图6-46 半身人物色彩 刘明

## 2. 风格化形式表现

简单地讲,在造型与色彩方面不是再现写实的绘画风格就是风格化的表现形式(图6-47至图6-49)。现代主义绘画、插画、漫画都是我们学习借鉴的风格化形式。但是在借鉴某种绘画风格之前需要对这种绘画风格的作品进行研究,要了解画家所属的艺术流派,他的艺术主张与创作观念,研究画家为什么进行这样的风格化处理等问题。例如画家毕加索的绘画创作就经历过蓝色时期、玫瑰红时期、立体主义时期等多个时期,绘画风格不断变化。《朵拉·玛尔肖像》这张人像色彩作品,不论是造型还是色彩都带有强烈的主观意图与创作观念(图6-47)。当然,如果想画成日漫或美漫的漫画风格也可以,同样要对作品与作者进行研究。

图6-47 《朵拉·玛尔肖像》 立体主义 毕加索(西班牙)     图6-48 肖像 表现主义 埃贡·席勒(奥地利)     图6-49 《自画像》 后印象派 凡·高(荷兰)

不论进行哪种风格化形式的借鉴与探索，必须要根据人像色彩写生或者人像照片进行风格化形式表现练习，要有模特原型，不能画臆想中的人物。可以借鉴画家们在造型与色彩方面的绘画处理方法与技巧，强调抓住人物的主要特征与感觉，但是人物造型仍然是具象的，不要夸张变形过度。同时鼓励学生们在绘画方法、笔触笔法、画笔工具选择等多方面进行大胆尝试与探索。

风格化人像的练习不是画一张就结束了，它是一个需要经常练习的绘画创作科目。学生在练习中研究数字绘画形式语言的新形式与新效果，逐渐摸索自己的一套绘画方法与绘画技巧。下面这些学生作业都是在人物照片及人像写生的基础上进行的人像色彩风格化练习（图6-50至图6-54）。

## 任务三　风景色彩

在真正的风景画出现之前，风景作为人物画的背景出现在画面中，不论是西方绘画还是中国画都是如此，后来才逐渐发展成为一个独立的画科。风景画是以风景作为绘画题材的绘画（图6-55）。自然风景、城市街道、室内场景都可以作为风景色彩写生描绘的对象。世界各地色彩斑斓的风光提供了取之不竭的绘画素材，我们通过风景色彩写生的练习来感受自然之美、掌握绘画规律，探索描绘自

图6-50　人像色彩风格化
董海龙

图6-51　人像色彩风格化
李守宽

图6-52　人像色彩风格化
杨中国

图6-53　人像色彩风格化
邵雨镝

图6-54　人像色彩风格化　黄雅琪

图6-55　《托莱多风景》 埃尔·
格列柯（西班牙）

然造型与色彩的绘画技法,提高绘画造型能力,为将来进行绘
画创作或从事商业绘画工作打好基础。

## 一、透视

我们在进行风景色彩写生时,如果画的是野外自然风景,
没有人造的建筑与设施,那么只要考虑好构图与基本透视问题
就可以了。例如,同样高度的树,近处的树显得高大,而远处的
树就显得小(图6-56)。如果画的是城市环境,有造型复杂的
建筑物与楼房,则需要运用透视原理进行分析与测量,注意观
察视点与地平线位置等方面的问题。

透视原理是普遍使用的绘画基础原理,是进行静物、人像、
风景等绘画创作的辅助方法,对于绘画来说,画面效果是第一
位的。我们从历史上的经典绘画作品中能够看出,画家们以透
视原理为基础,但同时又没有过于严苛地、科学地遵照透视原
理进行绘画创作。有的画家为了画面效果还会故意调整透视
焦点与透视。例如,意大利威尼斯画派画家保罗·委罗内塞的
作品《迦南的婚礼》,画面整体的感觉是单点透视,焦点落在了
画面中心偏下的耶稣头部,但是如果画出建筑与地面图案的透
视延长线,会发现焦点不是只有一个(图6-57)。在商业美术
中,有些工作对于透视的要求相对严格,比如环境艺术设计、建
筑设计等行业。而在影视概念设计、动画场景设计、插画与漫画
等行业则相对灵活,需要根据美术风格的要求设计透视效果。

图6-56 风景 克劳德·莫奈(法国)

### 1. 一点透视

在介绍一点透视之前,首先要知道地平线与消失点的概
念,这与画面构图密切相关。在透视图中常用英文缩写HL表
示地平线、用VP表示消失点。从理论上说,消失点就在地平线
上的某一个点上,地平面上纵向排列的平行透视线会汇集于消

图6-57 《迦南的婚礼》 保罗·委罗内塞(意大利)

失点上。画家在保持观察视点高度不变的情况下，取景时做仰视或俯视的上下角度变化，可以让地平线处于画面中的不同位置，从而产生不同的构图（图6-58）。

　　画家的观察视点高度越高，地面上纵向透视线的角度越小，能够展示出地平面上更多的物体。画家在进行风景写生时，首先要进行构图设计与安排，明确地平线与消失点的位置，画出地面建筑与地平面的透视线。例如，法国画家毕沙罗的《蒙马特大街冬天的早晨》和《通往卢弗西埃恩之路》两张风景画作品的构图有几分相似，消失点位于画面中心偏左，使画面显得自然而有节奏感（图6-59、图6-61）。但是，仔细观察会发现，在两幅画中画家的观察视点高度不同，地平线与消失点的位置也不同。《蒙马特大街冬天的早晨》这张画，画家的视点位置高，俯瞰大街，地平线的位置也高于画面中心位置，展示了大街的喧闹与繁华的场面（图6-60）。而在《通往卢弗西埃恩之路》中画家的观察视点是画家站在地面的视点高度，地平线低于画面中心，天空占据了画面较大的比例，表现出了天气晴朗、视野开阔的乡村自然风光（图6-62）。

　　理解了地平线与消失点的概念后，我们来看"一点透视"。在一点透视的画面中，与地平线垂直的透视线都是平行的，而在前后纵深方向的透视线则会汇合到地平线上的同一个消失点上。同样高度的人或物体形成了"近大远小"的透视效果，从而能够在平面的画布上虚拟出三维空间的纵深效果。一点透视具有方向感和纵深感，能够引导观众视线向消失点聚集或者向四周发散，画面景物能够像舞台般直面观众，向观众展示

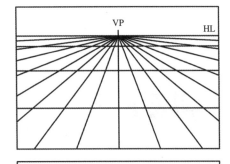

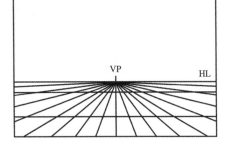

图6-58　地平线与消失点的位置

图6-59　《蒙马特大街冬天的早晨》　毕沙罗（法国）

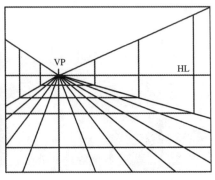

图6-60　《蒙马特大街冬天的早晨》透视图

图6-61 《通往卢弗西埃恩之路》 毕沙罗（法国）

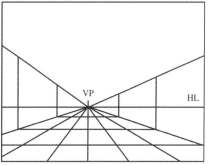

图6-62 《通往卢弗西埃恩之路》透视图

场景内更多的物体（图6-63、图6-64）。

**2. 两点透视**

两点透视就像一点透视中的物体在水平方向旋转了一个角度，物体的透视延长线会在地平线上形成两个消失点，而垂直方向的透视线保持平行，两点透视形成了强烈的立体效果（图6-65、图6-66）。

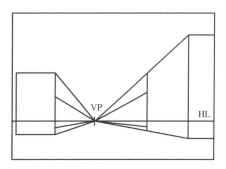

图6-63 一点透视

图6-64 色彩风景画 克劳德·莫奈（法国）

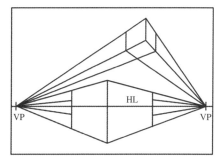

图6-65 两点透视

图6-66 《星际争霸》游戏场景设计 彼得·李（美国）

### 3. 三点透视

如果我们的观察视角是仰视或俯视，垂直方向的透视线也会在地平线上方或下方形成第三个消失点。三点透视的物体立体感最强，给人真实、宏大的感觉。适合描绘以仰视视角观看的巨大物体或者以俯视视角观看的大场景（图6-67、图6-68）。

图6-68 《记住我》游戏场景设计图 日本Capcom公司

### 4. 镜头画面透视

两点透视与三点透视在商业绘画中会经常用到，尤其是电影、动画与游戏的概念设计、场景设计等方面的设计项目。有时，为了增强画面表现效果，还会在创作中融入"镜头"与"场景"的概念，画出模拟镜头拍摄的画面效果，使画面具有"镜头感"，在构图、透视、画面效果上比传统绘画更加灵活、自由。

不论是使用照相机摄影，还是使用摄像机摄像，都要使用镜头。镜头一般分为标准镜头、长焦镜头、短焦镜头三类。使用不同镜头拍摄的照片会形成不同的镜头画面效果。首先看标准镜头，这类镜头的焦距一般为50毫米左右，拍摄的画面与人眼观察的画面非常接近。目前，我们普遍使用的是变焦镜头，例如18毫米至135毫米的变焦镜头可以根据需要自由调节焦距，也可以调出标准镜头的焦距，因此使用标准镜头的情况越来越少了。其次是短焦镜头，其焦距越短，画面中物体的透视线就会发生越明显的弧度变化，广角效果越强烈，多点的透视效果越明显。这与我们直接用人眼观察到的景象有很大不同。短焦镜头拍摄的画面能收纳场景中更多的物体，场景展示效果好（图6-69、图6-70）。最后是长焦镜头，焦距大于标准镜头，一般用来拍摄较远的景物或人物。

在商业数字绘画作品中镜头感的设计与营造，需要了解镜头景别、静止镜头与运动镜头、变焦与调焦等影视动画专业的相关理论知识。练习方法有很多，比较直接、便捷的方式就是

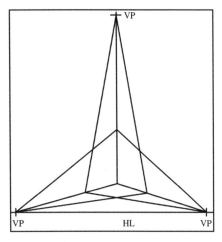

图6-67 三点透视

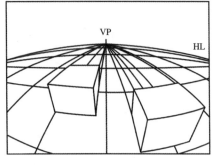

图6-69 广角镜头透视

图6-70 动画电影《恶童》场景设计 木村真二(日本)

图6-71 色彩写生练习(写生图片为电影《杀手莱昂》截图) 余航

截取电影视频截图,使用数字绘画工具进行照片写生练习(图
6-71)。在经典电影中,摄像师在取景、镜头画面构图、打光、
拍摄角度等方面都会进行精心设计,镜头画面的质量与水平较
高,值得学习、借鉴。

### 5. 中国画的透视

在西方绘画传入中国以前,传统的中国山水画与西方的
风景画在画面透视、绘画观念、绘画工具、绘画形式等诸多方
面都截然不同。中国历代画家"师法造化",以自然为师进行
山水画创作,画面中的亭台楼阁、山水云雾基本上采用散点透
视的方式进行绘画(图6-72),并不像西方传统写实绘画那样
采用焦点透视原理进行绘画。中国绘画在透视方面经过长时
间的探索、传承与积淀,逐渐形成了中国画特有的透视方式和

图6-72 《早春图》 郭溪(北宋)

中国绘画面貌。风景写生练习不建议使用散点透视的方法进行写生练习，而在风格化形式表现的练习中可以进行探索与尝试。

中国画中有一个画种，使用界尺引笔画直线，故名界画。界画中的建筑物在纵深方向都是平行的斜线，没有形成近大远小的焦点透视。远处的景物和人物都可以看清楚，不会缩小。观赏者的视觉中心在画面上游走，没有一个明确的透视消失点，有种"人在画中游"的感觉。例如，北宋画家张择端绘制的《清明上河图》长卷就是如此（图6-73）。另外，在人物画长卷中也会使用这种散点透视画法。例如，五代十国南唐画家顾闳中的《韩熙载夜宴图》（图6-74、图6-75）。

此外，还有其他的散点透视方法。例如，在唐朝懿德太子墓墓道壁画中，我们发现每个建筑物上面的城楼都有近大远小的透视，但是，建筑的透视延长线并没有像一点透视那样汇集到一个消失点上，从整体上看仍然是散点透视的画面效果（图6-76）。

图6-73 《清明上河图》（局部） 张择端（北宋）

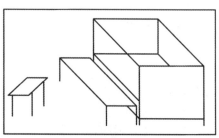

图6-75 《韩熙载夜宴图》透视图

图6-74 《韩熙载夜宴图》（局部） 顾闳中（南唐）

图6-76 《懿德太子墓墓道壁画》（局部）（唐朝）

## 二、风景色彩范例

### 1. 目的与要求

风景色彩写生是色彩基础练习的一个重要内容。写生要遵照写生对象进行写实风景绘画,描绘的景物造型与色彩不能脱离写生对象进行表现性的、风格化的形式表现。例如,后印象派绘画、抽象绘画、表现主义绘画等现代主义绘画形式,那些绘画表现形式不是风景色彩写生的练习内容。

风景色彩写生要表现出风景的光影、色调、质感等内容。构图合理、透视关系正确,不得使用散点透视。可以采用照片写生的方式,也可以使用数字绘画工具进行野外写生。对于画笔选择、绘画笔触、绘画方法等方面则要因人而异,不作要求。

### 2. 绘画过程

在这个范例中,选择一张在水乡乌镇采风时拍摄的照片,进行照片写生。在 Painter 中使用颜色厚涂画法绘画,在 Photoshop 中进行图像调节处理。

（1）起稿

起稿阶段可以按三个步骤来进行。第一步进行照片选景与构图处理。根据构图需要使用软件裁剪工具裁剪原始照片。不满意的话,按快捷键【Ctrl+Z】返回上一步操作,直到构图基本满意为止。第二步,创建画布,选择画笔。创建一张14厘米宽、19.2厘米高、分辨率为300 dpi的画布。选择【油画笔】中的【圆头驼毛笔】变量,画的时候需要随时调节画笔属性条中的属性数值,如大小、不透明度、浓度、渗出和特征等(图6-77)。例如,起稿时用小号油画笔,可以降低【特征】数值,增加画笔笔毛的密度。铺颜色时,用大号油画笔,可以增加【特征】数值,降低画笔笔毛密度。有了前两步的准备工作,第三步就是使用单色油画笔在画布上开始构图、起稿。

图6-77 【油画笔】中的【圆头驼毛笔】变量及其工具属性条

构图时,先画出大体的透视草图(图6-78),然后再新建一个图层,参照透视草图画出景物的具体造型。可以根据画面需要微调个别物体的位置和大小。例如,船的位置和大小就做了微调,位置向左下方移动了一点,放大一点。这样整体看起来画面构图比较舒服、均衡。画好起稿草图后,删掉透视草图层。起稿草图也会在后面的绘画过程中逐渐被覆盖掉,因此起稿草图不必画得过细(图6-79)。

图6-78 透视草图

图6-79 起稿草图

（2）铺色调

观察照片、选择颜色、调和颜色是色彩练习的重要内容。要在混色器中调和颜色，不要直接吸取照片中的颜色。调好颜色后，按快捷键【Alt】键吸取颜色为"主要色"，使用大号及中号画笔从深颜色画起，画完深颜色再画中间色调和亮颜色（图6-80）。把基本色调快速地铺出来，注意受光面偏暖，而背光面偏冷。铺颜色的这个阶段基本确定了整幅画面的颜色基调，不要拘泥于细节，有不满意的地方及时进行调整（图6-81）。

另外需要注意的是，现实风景中的色彩要比照片的色彩丰富，色域更广。在使用数码相机拍摄照片时，相机会自动进行白平衡处理，照片的颜色会在一定范围内显示。例如，天空是蓝色的，而在以深颜色建筑为取景主体时，相机会自动调节白平衡，蓝色天空会变成白色。因此，我们在采风的时候，应该强调用眼睛观察、感受自然景物的造型与色彩，注重对自然风景的直观感受。

图6-80 从深颜色开始铺颜色

（3）深入与调整

一遍一遍地进行深入刻画，整体推进。使用中号及小号画笔逐渐画出景物的细节。注意前景、中景、远景的前后空间层次，将远处的景物作淡化处理，对比不要太强烈，不要画过多细节，这样可以将远景"推远"。另外，要注意光影与质感的表现，比如水的反射与光影效果，笔触要生动、活泼，画出流动感。

色彩写生练习不要画得过于细腻、面面俱到，有些琐碎的细节如果干扰画面效果，可以大胆舍弃。例如，屋子下面的电线、桥上过多的行人等。画面深入的过程中要注意保留手绘笔触效果与绘画形式感。

我们在Photoshop中调节图片颜色。首先在Painter中将RIFF格式文件的作品存储为PSD文件格式，然后在Photoshop中打开。使用Photoshop菜单中【图像】→【调整】→【亮度/对比度】命令，适当调节画面对比度，再使用【图像】→【调整】→【色相/饱和度】命令适当提高画面的饱和度（图6-82）。

（4）细节完善

画出各部分的主要细节，明确房顶与墙的主要结构线，画出桥的石块、前景石阶、水面反光、行人、树冠及云朵等细节。重点刻画亮部细节，要注意细节不要画得过于琐碎，保留暗部的大笔触，形成虚实对比。绘制完成后在Photoshop中使用【亮度/对比度】及【色相/饱和度】命令调整画面整体或局部的颜色。

另外，为了使画面整体色调统一，可以添加"色调"图层，调节画面色调。创建一个新图层，然后使用油漆桶工具将该图

图6-81 铺颜色

图6-82　深入与调整

图6-83　叠加颜色图层

图6-84　风景色彩　母健弘

层填充为黄色,然后将图层【混合方式】设置为"叠加",将图层的【不透明度】调节为"10%"左右,然后使用【色相/饱和度】命令,调节黄色的色相与饱和度,并实时观察画面的调整效果(图6-83)。满意后按【确定】按钮执行,完成这张色彩写生练习(图6-84)。

## 三、风景色彩风格化形式表现

　　与前面人像色彩风格化形式表现的练习目的与要求相同,在风景写生基础上尝试不同的画笔效果,对造型与色彩进行风格化探索与实践,也可以作为人像色彩风格化形式表现的课后拓展练习。

### 1. 画笔效果

　　尝试使用不同的数字绘画软件画笔画出油画、水粉画、水彩画、水墨画等画面效果,既可以模拟传统绘画的形式与效果(图6-85至图6-88),也可以使用多种画笔及各种调节工具探索性地尝试各种画面形式,提升画面效果,充分发挥数字绘画技术优势。

### 2. 风格化形式表现

　　想要真正画好一张风格化色彩风景画,又不能毫无章法地乱画涂鸦,其实并不是一件容易的事情,需要向前人学习(图6-89至图6-92)。在了解了不同艺术流派的绘画作品与不同风格的插画作品之后,寻找到自己喜爱的绘画形式风格,深入研究画家的创作思想观念与绘画技法,在学习借鉴中实践自己的风格化表现形式。

图6-85　数字色粉笔　母健弘

图6-86　数字钢笔与喷笔　孙梦吟

图6-87　数字铅笔、油画笔、调和笔　张闽燕

图6-88　数字粉笔与铅笔　袁慧

图6-89　《印象·日出》　印象派　克劳德·莫奈(法国)

图6-90　《弯路》　野兽主义　德安(法国)

图6-91　风景　表现主义　埃贡·席勒(奥地利)

图6-92　风景　表现主义　埃贡·席勒(奥地利)

风景风格化形式表现练习要在风景照片的基础上进行风格化,不能凭空臆造。要在自己采风时拍摄的风景照片中选择照片,画这样的照片有经历、有体验、有感受。这个练习相对自由,学生可以大胆地进行色彩与造型的风格化形式实验(图6-93、图6-94)。

图6-93　风景色彩风格化　王大伟

图6-94　风景色彩风格化　徐淑月

　　任选以下题目中的两个,进行两次课堂练习。例如,一次风格化人像色彩,一次风景色彩写生。剩下的题目可以安排为课后练习。下次上课进行作业观摩与讲评。

　　画布尺寸不得大于A4(21×29.7厘米),分辨率为300 dpi,竖构图。如果文件太大,影响了软件运算速度及画笔正常使用,可以适当缩小画布尺寸及分辨率。注意在绘制过程中要执行"反复存储"命令保存过程文件,使用画笔与软件不限。

　　1. 人像色彩写生

　　继续使用上次人像素描作业的一组照片,可以换一个新的角度,绘制一张人物色彩写生作业。

　　基于人像调子素描作业的要求,强调人像的造型结构、素描调子、色彩关系的和谐,颜色丰富、生动。

　　2. 风格化人像色彩

　　以人像照片为原型,绘制一张风格化人像色彩画。自选人像照片,也可以继续使用上次人像素描作业的照片。

　　可以参考不同流派的绘画作品形式,参考的

原画作品上交，同时上交一篇word文档。对参考绘画形式原画作品进行介绍。例如，画家姓名、国籍、绘画作品名称，画家所属艺术流派及其艺术创作观念是什么？原画作者为什么画出这样的风格化形式？最后谈谈你这张风格化人像色彩的构思与创作。

3. 风景色彩写生

风景色彩写生一张。具体要求与人像色彩写生练习的要求相同。

4. 风格化风景色彩

风格化风景色彩练习一张。具体要求与风格化人像色彩练习的要求相同。

# 项目七 数字绘画创作与实例

● **项目提要**

　本项目介绍插画实例、二维动画背景绘制实例的绘画过程与绘画技巧。

● **关键词**

　创作；插画；漫画；想象力；绘画形式与风格；动画背景绘制

通过静物、人物、风景等绘画科目的练习，我们已经学习了素描与色彩的绘画基础知识，掌握了数字绘画软件与硬件工具，适应了数字绘画方式，这为数字绘画创作打下了坚实的基础。与写生练习不同，绘画创作或者商业绘画在开始动笔之前，需要明确三个方面的问题。

第一是为谁画？这决定了绘画作品的形式与风格。纯绘画艺术表达的是画家个人的艺术观念，没有客户的要求与绘画形式的要求，作品在画廊或者画展中展示。而商业绘画是为客户创作、为目标受众创作，要满足多方面的需求。

第二是画什么？这决定了绘画的内容。纯绘画艺术创作的绘画题材与内容由画家自己寻找与决定，而商业绘画是给定的题目。

第三是怎么画？这决定了绘画的方法与手段。数字绘画与其他绘画形式一样都要遵循绘画创作规律进行创作。首先，创作要经过体验生活、采风、收集资料与整理、寻找创作灵感、构思、绘制等阶段，直到最后完成作品。其次，绘画工具与绘画效果密切相关，我们使用数字绘画工具能够画出不同于传统绘画的新效果。最后，绘画内容与绘画形式要统一。绘画内容要通过合适的绘画形式表现出来，绘画的形式语言要和表达内容相匹配。例如，儿童插画绘本的绘画形式要符合儿童故事的内容，要通过儿童读者喜欢的、易于理解的绘画形式传达故事内容，过于抽象的绘画形式明显不适合创作要求。

下面通过两个数字绘画创作实例，介绍创作过程与绘画技巧。

## 任务一　插画实例

插画《闹天宫》表现的是小说《西游记》中孙悟空与四大天王等天兵天将斗法的情节。绘画的方法采用先勾线后上色的方法，既保留了类似工笔国画的线条，又通过上色表现出了光影、立体感与质感。使用的绘画软件为Painter。

## 一、绘画过程

### 1. 搜集素材与资料

插画《闹天宫》是小说《西游记》的插画，那么一定要阅读小说中的这个章节。小说中对于孙悟空与四大天王斗法的情节并没有详细地进行描写，只是说大圣打败了李靖父子与四大天王等天兵天将。我们熟悉的斗法情节更多的是来源于后人的创作与演绎，电视剧《西游记》与动画电影《大闹天宫》中都出现了孙悟空与四大天王斗法的情节，已经得到观众的普遍认同。因此，插画创作可以延续他们创作的这个情节。

小说《西游记》的故事发生在唐朝，孙悟空与四大天王都是武将装扮，身披盔甲、手持武器。故事虽然是神话故事，但是这些基本造型不能随意编造，要基本符合朝代的服饰风格与样式。这就需要搜集唐朝服饰、盔甲等方面的图片资料与素材，为创作提供参考（图7-1）。我们知道目前没有完整的唐朝盔甲实物保留下来，那么可以寻找一些唐朝的武士塑像（图7-2）与壁画，唐朝的绘画资料以及日本甲胄资料，也可以拍摄一些寺庙中的天王雕塑照片。武器道具方面的资料也需要搜集，例如伞、琵琶等。以这些资料为创作素材进行提炼加工、创作。另外，还可以看一些介绍风调雨顺四大天王的文字资料，在一

图7-1　图片资料素材

图7-2 力士塑像 唐朝

些文献记载中都有对四大天王人物特点、盔甲颜色、武器等细节的描述。

### 2. 构思草图

构思阶段非常重要，决定了将来画面构图、绘画形式与风格。通过人物的姿势动作体现人物性格；还要用一张凝固的画面"讲故事"，表现出打斗情节中一个动态瞬间。

这张插画将采用先勾线后进行上色的绘画方法，人物造型不作过大的夸张变形处理。勾画草图阶段可以使用数字绘画工具绘画，也可以在纸质速写本上画，画出多个构思草图，最终确定一个构思方案（图7-3）。

### 3. 勾线

确定一种构思方案后，在Painter中直接放大方案草图的画布尺寸。将画布大小调整为A4左右的尺寸，分辨率为300 dpi的画布，如果客户对尺寸与大小有特殊要求，就要按要求调整画布大小。

如果对放大的草图不够满意，可以进一步勾出相对明确、具体的人物草图。绘制人物的过程就是角色设计的过程。比如，将悟空的造型设计为男性少年的造型，而不是猴子的原型，红色的披风像展开的翅膀，增加了气势。悟空的面部保留猴子的特征之外，一定要画出人的神态。如果画人物打斗动态造型有困难，可以找模特摆出类似的姿势，画几张速写，在掌握了人物动态造型后，画出人物草图。服饰、道具的绘制可以参考搜集的图片资料。

草图画好后，将草图图层的【不透明度】数值降低，呈半透明状态。勾线前将画布的【纸纹对比度】数值调节为"0"，这

图7-3
构思草图

181

样画出来的线条清晰流畅,不受画布纸纹的影响,线条边缘没有纸纹颗粒。然后创建一个新图层,选择【铅笔】中的【颗粒覆盖3】变量进行勾线。参照草图画出明确的线条与造型细节(图7-4、图7-5)。

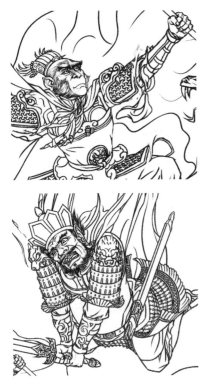

图7-4　局部

图7-5　勾线

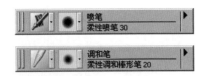

图7-6　喷笔与调和笔

图7-7
颜色试稿

勾线的环节可以直接在软件中画,也可以在纸张上用铅笔或钢笔勾线。在纸上勾完线后,使用扫描仪输入电脑即可。这种方式可以保留自然的笔触效果。很多插画家和漫画家都保持着这种绘画方式。线稿扫描入电脑后,保留线条、去除杂点与纹理,然后再使用数字绘画软件上色。

### 4. 颜色试稿

创建一个新图层,使用喷笔与调和笔进行上色。先用大号喷笔喷出整体色调,然后配合使用调和笔进行修饰,两个画笔配合使用能够画出过渡自然的画面效果(图7-6)。试稿阶段需要反复调整修改,直到满意为止(图7-7)。

### 5. 上色与深入

从主体人物孙悟空开始上色。先创建一个新图层,涂上基本颜色。然后使用【魔棒工具】选择线条以外的区域,删掉多余部分。首先,单击并选择上色图层,然后勾选上色图层上方的【保持透明度】选项,将图层锁定。这时,笔触就不会画到线条外面。最后,用喷笔进行深入描绘(上色方法详见项目三任务四中卡通角色的勾线与上色)。使用这个方法逐一绘制完成其他人物。

在上色与深入的过程中还会使用到【照片】笔中的【加深】与【减淡】两个变量,调节画面局部明度。使用特效笔提亮高光、环境光与反光。例如,用特效笔提亮盔甲反光的同时,也画出了环境色(图7-8)。

图7-8　细节深入

保持黑色的线条,这个效果类似工笔国画的绘画效果。但是,靠近光源的飘带,其黑色线条就显得突兀,对比太大,需要调节线条的明度与颜色。首先,单击并选择线稿图层,然后勾选【图层】面板上方的【保持透明度】选项,将图层锁定。然后直接使用喷笔上色,改变线条的颜色与明度。

### 6. 光效与色彩微调

使用喷笔喷出烟雾、闪光,用钢笔勾勒出火星。将文件存为PSD格式分层文件,在Photoshop中打开文件,进行色彩微调,直到最后完成作品(图7-9)。

图7-9　《闹天宫》插画　母健弘

## 二、插画作业

插画可以作为结课综合作业进行命题创作,学生运用已经掌握的知识与技巧,按照作业的要求进行数字插画创作(图7-10至图7-16)。

图7-10　插画　黄雅琪

图7-11 插画 吴忠祥

图7-12 插画 吴忠祥

图7-13 插画 刘畅

图7-14 《水浒》插画 张梦珂

图7-15 《禁忌之恋》插画 刘晶晶

图7-16 《神话》插画 梁燕

## 任务二 二维动画背景绘制实例

简要地介绍了背景绘制在二维动画制作流程中的位置以及背景绘制要求等内容之后，我们以二维动画片《兔宝与龟蛋》的一个镜头为例，详细介绍该镜头背景的绘制方法与绘画过程。

### 一、基本流程

二维动画制作流程一般可以分为剧本、角色设计、场景设计、分镜头脚本与故事板、动画设计稿、背景绘制、原画与中间动画、描线上色、后期合成等制作环节。背景绘制是二维动画中期制作的一个环节。背景美术师拿到手里的任务是单个的镜头动画设计稿。传统手绘二维动画制作的动画设计稿含有规格框层、人物层、背景层，都是画在动画纸上的铅笔线稿（图7-17、图7-19）。背景美术师要按照导演的要求，参看分镜头脚本或故事板、场景设计图以及这场戏的前期概念设计图，了解这个镜头所讲述的故事情节，最后依据背景设计稿绘制镜头的背景正稿（图7-18、图-20）。要注意一场戏中所有背景描绘的时间、地点、光源位置、背景绘画风格要统一。

图7-17　动画电影《千与千寻》设
　　　　计稿　吉卜力工作室

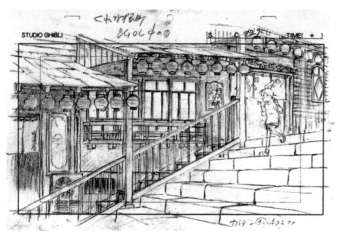

图7-18　动画电影《千与千寻》动
　　　　画背景　吉卜力工作室

图7-19　动画电影《千与千寻》设
　　　　计稿　吉卜力工作室

图7-20　动画电影《千与千寻》动画背景　吉卜力工作室

　　数字动画的全部制作环节都可以在电脑中制作完成。使用数字绘画工具绘制镜头背景，首先要将背景设计稿扫描到电脑中，然后依据设计稿使用数字画笔绘制背景图。下面以动画片《兔宝与龟蛋》中的一个斜摇镜头为例，介绍这张背景图的绘画过程及绘画技巧。

## 二、绘画过程

### 1. 熟悉资料

　　首先要熟悉剧本、分镜头脚本与故事板、角色设计图、场景设计图、动画设计稿等资料。场景设计经过了采风、收集资料、设计等阶段，最终确定后，片子中所有镜头的背景都要按照场景设计进行绘制。这个镜头的背景设计稿画的是草图，线条比较潦草、不够精致，需要重新勾线、画背景（图7-21）。

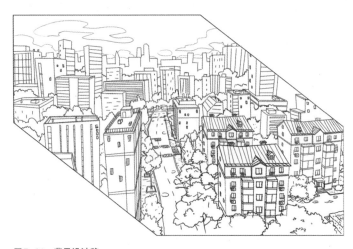

图7-21　背景设计稿

仔细观察这张背景设计稿。首先，这个镜头是一个斜摇镜头。那么，背景设计稿要画成一个斜长的背景图，将来置入到后期合成软件中，移动这张背景图片就可以模拟出摇镜头的效果。其次，设计稿中的透视并没有严格遵循透视原理，楼房的透视线做了灵活的变形处理，这样更符合动画片轻松自然的设计风格。最后，注意镜头中故事发生的时间，明确色调。这个镜头的时间是太阳初升的早晨，可以预想一下太阳照亮城市，朝霞映红了楼房顶端的颜色效果。

### 2. 设置尺寸与大小

背景图片是最后成片中使用的图片，需要按照影片制作要求进行尺寸的设定，还要留出出血值，以防在制作过程中因背景移动而出现的穿帮现象。在这个实例中，可以直接放大、调整背景设计稿图片为背景图的尺寸与大小。将背景画布的大小设定为宽2 360像素、高1 568像素。这是因为，成片的分辨率是宽1 280像素、高720像素，四边分别出血50像素。镜头从A镜头框移动到B镜头框后，整个背景图片就成了一个斜长的画面（图7-22）。当然，背景图画布尺寸与分辨率可以设置得更大，将来在后期把背景图片缩小到适合镜头大小即可。

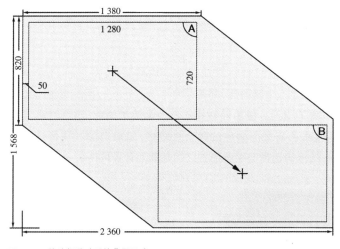

图7-22 镜头框移动后的背景尺寸

### 3. 背景绘制

（1）建立参考图层

创建一个新图层，将其命名为"画面范围边框"，画出背景绘制范围的外边线框，内框为将来成片显示区域，外框为含四边出血的区域。然后分别选择"背景设计稿"图层与"画面范围边框"图层，将两个图层的【不透明度】分别调整为"30%"，这样就可以参考两个图层绘制背景了（图7-23）。

图7-23 调节参考图层的【不透明度】

（2）勾线

创建一个新图层，将图层命名为"背景勾线"。参考背景
设计稿，进行背景勾线。明确树木、楼房、楼房广告牌、路灯、
车辆与行人等细节（图7-24）。在Painter中，按快捷键【V】
键，能方便地画出直线。同样，在Photoshop中使用工具箱中
【直线工具】也可以画出直线。在上色环节将文件存储为PSD
格式文件，配合使用Painter与Photoshop两个软件进行背景
绘制。

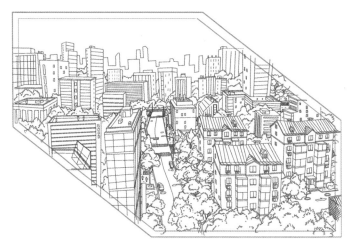

图7-24　勾线

（3）上色

创建一个新图层，将图层命名为"上色"，用画笔铺出大色
调（图7-25）。使用油性蜡笔与油画笔铺颜色，这两种画笔的
笔触颜色与底层颜色的融合性较好，笔触自然。需要注意的
是，画笔的选择与绘画形式必须与其他背景风格统一。

图7-25　铺大色调

进一步画出细节，深入的时候要注意光源方向与光影变化。远处的楼房比较远，要将线条颜色减淡。选择"背景勾线"图层，勾选【图层】面板的【保持透明度】选项，选择"主要色"的颜色给"背景勾线"图层中的线条上色，这样远处楼房的线条在空间层次上被"推远"了。楼房的高光线条使用直线描绘，增强楼房的立体感，按快捷键【V】键可以画出直线，按快捷键【B】键就可以恢复手绘笔触的模式。

在绘画的过程中使用到了【照片】笔中的【加深】与【减淡】变量，进行明度的微调。上色完成后，在Photoshop中使用颜色调节工具微调图片颜色，直到画面效果满意为止（图7-26）。

### 4. 输出

将背景文件进行编号存储。输出合层文件时，一定要隐去"画面范围边框"图层（图7-27）。按照设计稿中标明的镜头

图7-26　细节深入刻画

图7-27　背景完成图

号将背景文件命名为"SC002—BG",就是第002号镜头背景图的意思。需要注意的是,背景的分层文件和合层文件都要保留,以备修改使用。常用的合层文件格式有 TIFF、TGA、PNG、JPEG等格式。不论输出哪种文件格式,一定要保证图片质量并且图片能够在合成软件中打开使用。

完成背景图片后,需要在后期合成软件中将背景图片与人物层进行合层测试。如果发现了问题,还需要返工修改,直到导演满意为止。

**作业**

结课综合作业的题目二选一,创作一幅数字绘画作品。

1. 选择一本自己喜欢的文学著作,为其中一个章节或情节绘制一张插画。

2. 给定一个题目,进行命题创作。教师自主命题,最好是开放性的题目,有想象与创作的空间。可以选用正在征集作品的动画与漫画大赛的主题作为作业题目,按照比赛规则与要求进行创作,将来参与这些比赛。

在结课前可安排一次提案讨论,每个学生讲解创作构思并展示一至两幅色彩构思草图。

最终成品画面构图完整,绘制深入,画面效果好,有一定工作量,任选软件与画笔类型。避免抽象的绘画形式与风格。

画布尺寸为A4左右(21×29.7厘米),分辨率为300 dpi,横版、竖版任选。如果文件太大,影响了软件运算速度及画笔正常使用,可以适当缩小画布尺寸及分辨率。

三周左右完成,交作业后安排作业展示活动。

# 参 考 文 献

1. 王宏建. 艺术概论[M]. 北京：文化艺术出版社,2010.

2. 李春. 西方美术史教程[M]. 西安：陕西人民美术出版社,2009.

3. 李光辉. Painter 12中文版标准教程[M]. 北京：人民美术出版社,2011.

4. 翁子扬. Painter X标准培训教程[M]. 北京：人民美术出版社,2008.

5. （韩）石正贤等. 实战Painter 9绘画技法[M]. 李红姬,等译. 北京：人民邮电出版社,2006.

6. （美）Cher Threinen-Pendarvis. Painter X Wow!book[M]. 吴小华, 译. 北京：中国青年出版社,2008.

7. （美）伯恩·霍加思. 动态素描·头部结构[M]. 俞可,等译. 南宁：广西美术出版社,2009.

8. （美）伯恩·霍加思. 动态素描·人体解剖[M]. 李东,等译. 南宁：广西美术出版社,2009.

9. 张宝才. 人体造型解剖学[M]. 北京：人民邮电出版社,2012.

10. （瑞士）约翰内斯·伊顿. 色彩艺术[M]. 杜定宇,译. 上海：人民美术出版社,1993.

11. （西班牙）约瑟·M·帕拉蒙. 油画技法百科[M]. 马立华,孙洪光,译. 济南：山东美术出版社,1992.

12. Corle官网：http://www.corel.com/cn/.

13. Adobe官网：http://www.adobe.com/cn/.

14. Wacom官网：http://www.wacom.com/cn/.